JN100747

改訂新版

はじめての 3D CAD
SOLIDWORKS
入門

株式会社 KreeD 著

電気書院

まえがき

3D CAD はものづくりに欠かせないツールとして、多くの企業で開発・設計業務で使用され、全国の教育機関でも 3D CAD が積極的に授業に取り入れられるようになっています。

弊社は SOLIDWORKS 社の数少ない教育機関専門の代理店という立場から、全国の教育機関にソフトや教材の販売と導入支援を行ってまいりました。

その中で、多くの先生方から「使いやすいテキストがない」「もっとわかりやすいテキストがほしい」といった声をお聞きし、先生方のご要望、ご意見を元にさまざまなテキストを作成してまいりました。

また、民間企業向けの新入社員研修や導入支援などの実績の中で、3D CAD の基本をしっかり身に付けることの大切さとその難しさを実感しています。

本書はそのノウハウを生かし、少しでも多くの方々に「使いやすい」「わかりやすい」テキストをお届けしたいとの思いから制作に至りました。

ご自分で SOLIDWORKS を学びたい方や、教材としてお使いいただく際にも理解しやすいよう図解やポイントなど、随所に細かい説明を入れてわかりやすく解説しています。

SOLIDWORKS を使い始める大切な第 1 歩でつまずくことなく、モデリングの概念や基本操作をきちんと理解・習得されるために本書がお役に立てれば幸いです。

最後に、本書の発行にあたりご意見をいただいた先生方、ご尽力いただいた株式会社電気書院様に心よりお礼を申し上げます。

そして、深夜まで頑張ってくれた皆さん、本当にお疲れ様でした。

2020 年 4 月   株式会社 KreeD　代表取締役　桑原祐司

はじめての 3D CAD SOLIDWORKS 入門

本書について

本書は、3D CAD システム「**SOLIDWORKS**」の**入門用テキスト**です。

これから 3D CAD をはじめる**機械設計者**、**教育機関関係者**、**学生の方**を**対象**にしています。

【本書で学べること】

- SOLIDWORKS 概論と基本操作
- スケッチングの基礎
- ソリッドモデリングの基礎
- モデルと図面の双方向連携機能
- アセンブリモデルの作成とその機能

本書は、上記のような**基本的なテクニックを習得**することで、SOLIDWORKS をうまく使いこなせるようになることを目的としています。

その結果、「**3D CAD システムを用いた機械設計に必要な技術**」を学ぶことができます。

【本書の特徴】

- 本書は操作手順を中心に構成されています。
- 視覚的にわかりやすいようにキャプチャ画像と吹き出しで操作手順を説明しています。
- **SOLIDWORKS 2020** の使用を想定しています。

【前提条件】

本書を使用するにあたり必要な条件は以下の通りです。

- 基礎的な機械設計製図の知識を有していること。
- Windows の基本操作ができること。

【寸法について】

- 本書に使用している図面や寸法は、特定の製図規格に従っているわけではありません。
- そのため、寸法が標準に準拠しない形式で表記されている場合があります。
- 図面および寸法は本書の目的に沿って作成されています。

【事前準備】

- 一部の課題で、指定された CAD データを使用することになります。
- 本書で使用する CAD データは、**専用の WEB サイト**（https://www.kreed.co.jp/download）**か**らダウンロード**してください。

はじめての 3D CAD
SOLIDWORKS
入門

目　次

第1章　　はじめに

教材 CAD データのダウンロードや本書の使用方法を説明します。

- **本書の使用方法**
- **教材 CAD データのダウンロード**

1.1　本書の使用方法

本書の使用方法について説明します。

操作手順は全て本書の通りに行ってください。

下図のように**操作する順番が吹き出しで指示**されています。

スケッチをアクティブにする

1. Feature Manager デザインツリーから［ 　**正面**］を選択し、表示される**コンテキストツールバー**から

    　　［**スケッチ**］を選択します。もしくは、［ 　**正面**］を選択後、Command Manager［**スケッチ**］タ

    ブをクリックして 　［**スケッチ**］を選択します。

OR

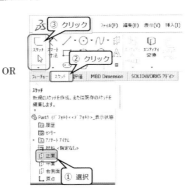

第1章

本書で使用するアイコン

アイコン、記号	説　明
Point	**覚えておくと便利**なこと、説明の**補足事項**を記載しています。
💡	**操作のポイント**などを記載しています。
⚠	操作する上での注意点や、守らなければいけないことを記載しています。

1.2　教材 CAD データのダウンロード

本書で使用する CAD データを下記のダウンロードサイトから**ダウンロード**してください。

1. **ブラウザ**にて **WEB サイト**「https://www.kreed.co.jp/」にアクセスしてください。

   または**検索ワード**に「**kreed solidworks**」と入力、検索して表示される

   「**株式会社 KreeD**」を開きます。

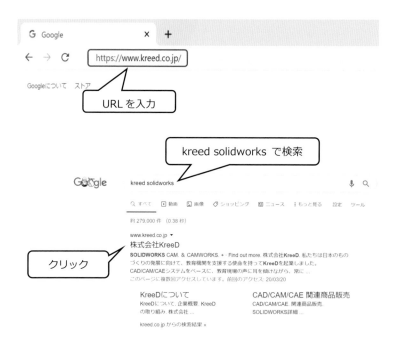

はじめての **3D CAD**
SOLIDWORKS 入門

2. メニューから「**ダウンロード**」をクリックします

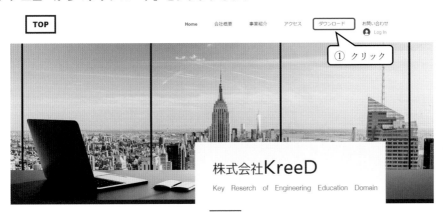

3. 教材の一覧が表示されます。

フォルダアイコンをクリックすると**ダウンロード**が始まります。

4. ダウンロードしたファイルは zip として圧縮されているので、解凍する必要があります。

解凍する際にパスワードを求められるので「**B3efLiUu**」とパスワードを入力してください。

ダウンロードしたファイルの保存場所

インターネット上からダウンロードしたファイルは、基本的に「**ダウンロード**」というフォルダーに保存されます。

1. Windows の「**スタート**」メニューから「**ドキュメント**」をクリックします。

2. 左側のメニューから「**ダウンロード**」をクリックして教材を確認しましょう。

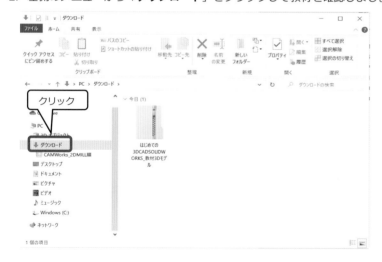

はじめての **3D CAD**
SOLIDWORKS 入門

第2章　　SOLIDWORKS の基本操作

SOLIDWORKS の簡単な基本操作、画面構成などを学びます。

この章では次のことを学びます。

- **SOLIDWORKS の起動と終了**
- **部品ファイルの呼び出し**
- **ユーザーインターフェース**
- **マウスの使い方**
- **虫眼鏡**
- **ヘッズアップビューツールバーの使用**
- **キーボードのショートカット**
- **ヘルプの使い方**

2.1　SOLIDWORKS の起動と終了

SOLIDWORKS の起動と終了の方法を学びます。

SOLIDWORKS の起動

デスクトップのショートカットをダブルクリックします。

もしくは、■スタートメニューの「 **SOLIDWORKS 20**** 」−「 **SOLIDWORKS 20**…**」を選択すること

で **SOLIDWORKS** を起動することができます。

第
2
章

画面にスプラッシュが表示された後、SOLIDWORKS が起動します。

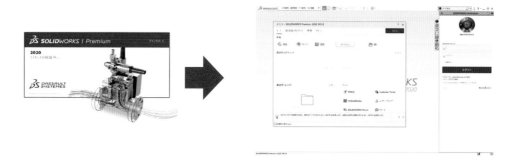

SOLIDWORKS の終了

以下の **3 つの方法**で SOLIDWORKS を終了することができます。

- ✕ をクリックします。

クリック

- メニューバーの［**ファイル**］から［**終了**］を選択します。

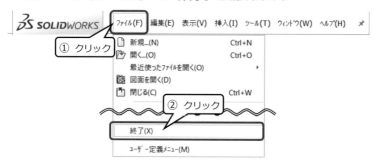

- キーボードの ALT を押しながら F4 を押します。

はじめての 3D CAD
SOLIDWORKS 入門

2.2　部品ファイルの呼び出し

既存の部品ファイルを呼び出します。次の手順に従って操作しましょう。

1. メニューバーの ［**ファイル**］ – ［**開く**］ を選択するか、**ツールバー**の  ［**開く**］ を選択します。

   キーボードの CTRL を押しながら 0 を押すと同様の操作になります。

2. 「**開く**」ダイアログが表示されます。

   ファイルの種類「**部品**」を選択すると、部品ファイルのみ表示されます。

   ダウンロードして保存したフォルダーの「 第 2 章 SOLIDWORKS の基本操作」にある部品ファイル

   「 **ホイールローダー**」を選択し、 開く をクリックします。

   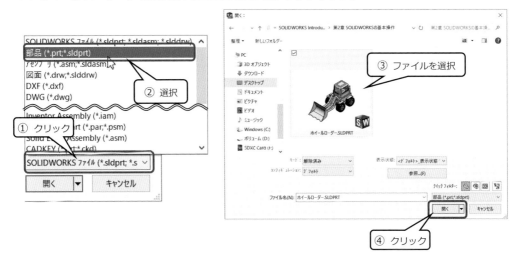

3. 選択した部品ファイル「 **ホイールローダー**」が開かれます。

   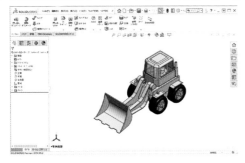

2.3　ユーザーインターフェース

画面の各部分には次のような名前が付いています。

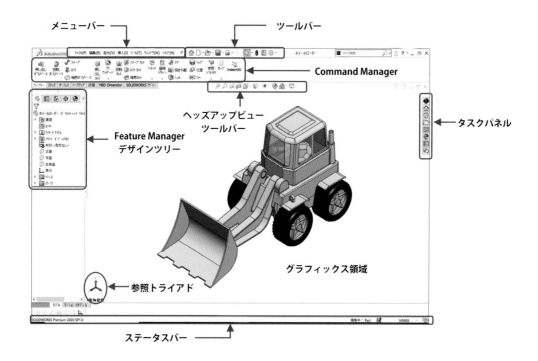

グラフィックス領域

無限の広がりがある 3D モデル作成のための作業領域です。

そのため、モデリングは**実スケール**（1：1）で行います。

 Point　グラフィックス領域には下記を含みます。

デフォルト平面	［ **正面**］［ **平面**］［ **右側面**］ の 3 つがあり、**3D 空間にある透明な紙**のようなものです。Feature Manager デザインツリーにある ［ **正面**］［ **平面**］［ **右側面**］ にポインタを合わせるとハイライトします。
原　点	モデルの原点位置（**X0,Y0,Z0**）に青色で表示されます。Feature Manager デザインツリーにある ［ **原点**］ にポインタを合わせるとハイライトします。
参照トライアド	モデルの座標軸で常に表示されています。表示方向の確認、変更を容易に行うことができます。

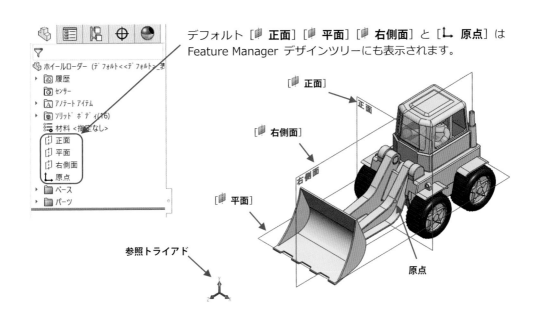

デフォルト［ 🗏 **正面**］［ 🗏 **平面**］［ 🗏 **右側面**］と［ 🔲 **原点**］は
Feature Manager デザインツリーにも表示されます。

Point **参照トライアドで表示コントロール**

参照トライアドで表示方向を変更することができます。軸を選択することで**表示**を**コントロール**します。

選択アイテム	結　果
画面に垂直でない軸 🖱	選択した軸に対し垂直なビューになります。
画面に垂直な軸 🖱	ビューが **180°** **反転**します。
SHIFT + 軸 🖱	軸を中心にビューが **90°** **回転**します。
CTRL + SHIFT + 軸 🖱	上記の回転方向が**反転**して **90°** **回転**します。
ALT + 軸 🖱	軸を中心に **15°** **回転**します。
CTRL + ALT + 軸 🖱	上記の回転方向が**反転**して **15°** **回転**します。

メニューバー　プルダウン

プルダウンメニューからほぼすべての SOLIDWORKS コマンドにアクセスすることができます。

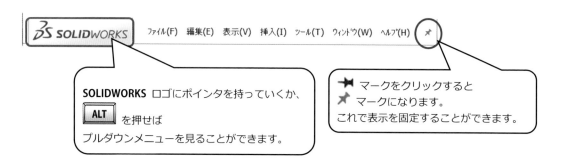

メニューを選択すると、プルダウンメニューが表示されます。

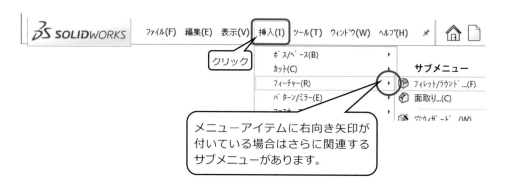

ツールバー　表示/非表示

ツールバーは細かな操作別に用意されたコマンドの集合体です。

ツールバーの表示/非表示の設定は下記の手順で行います。

「**ユーザー定義**」ダイアログの［**ツールバー**］タブが表示されます。

チェックボックス ON が**表示**、**OFF** が**非表示**を意味し、ボタンサイズなども設定することが可能です。

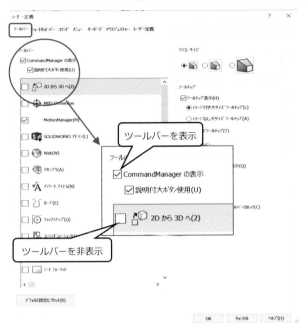

ツールバーを表示

ツールバーを非表示

設定を有効にする場合は、 OK をクリックしてダイアログを閉じます。

設定を無効にする場合は、 キャンセル をクリックしてダイアログを閉じます。

コマンドマネージャ　上で**右クリック**することでも、**ツールバーメニュー**を表示できます。

任意のツールバーをクリックすれば、SOLIDWORKS 上で常に表示できます。

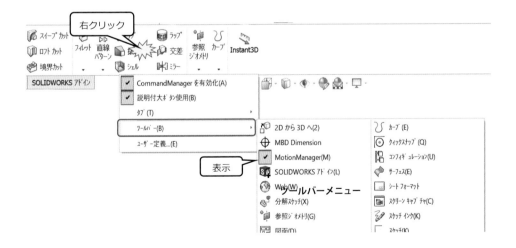

右クリック

表示

ツールバーメニュー

Command Manager（コマンドマネージャー）

スケッチ・フィーチャー・評価・解析など、特定のタスク別に用意されたツールバーの集合体です。
タブをクリックすることで簡単に切り替えられるので、モデリングを円滑に進めることができます。
ツールバー同様、Command Manager を右クリックするとでてくる「タブ」メニューから、表示・非表示
を切り替えられます。

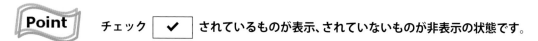

Point　チェック　☑　されているものが表示、されていないものが非表示の状態です。

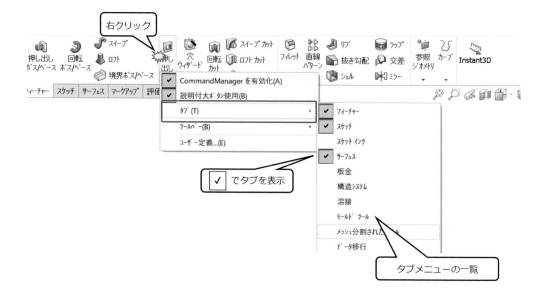

Command Manager はツールバーの［**タブ**］を**ドラッグ**すると分離します。

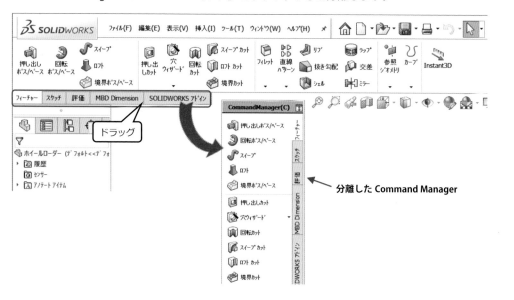

はじめての 3D CAD
SOLIDWORKS 入門

分離後、上部 　　左側 　　右側 　　それぞれに表示されるアイコンの上に**ドロップ**することで、
Command Manager の位置を変更できます。

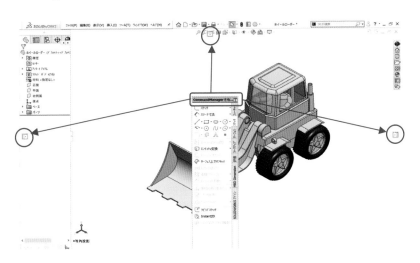

フィーチャーマネージャー（Feature Manager）デザインツリー

画面の左側にある Feature Manager デザインツリーには、操作履歴や部品の構成情報などが表示されます。
スケッチやフィーチャーなど、行った操作は Feature Manager デザインツリーに追加されます。
よって、モデルの編集や作成手順の確認を行えます。

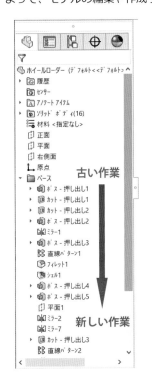

スケッチやフィーチャーの編集、
作成順序の変更などをすることができます。

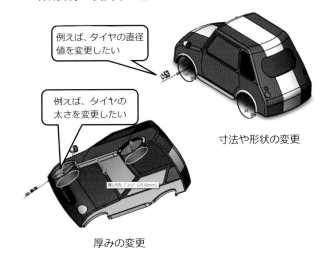

例えば、タイヤの直径
値を変更したい

例えば、タイヤの
太さを変更したい

寸法や形状の変更

厚みの変更

デザインツリーのアイテムの表示／非表示

Feature Manager デザインツリーにおけるツリーアイテムの多くは、デフォルトで非表示にされています。
表示、非表示はユーザーがカスタマイズすることが可能です。

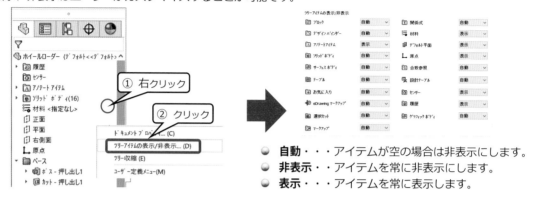

- ● **自動**・・・アイテムが空の場合は非表示にします。
- ● **非表示**・・アイテムを常に非表示にします。
- ● **表示**・・・アイテムを常に表示します。

2.4　マウスの使い方

マウスの各ボタンの機能について学びます。

マウスホイールの使い方

モデルの**回転**、**拡大と縮小**、**移動**をする際に使用します。

モデルを回転する

マウスホイールを押しながらマウスを**ドラッグ**します。ドラッグした方向にモデルが回転します。

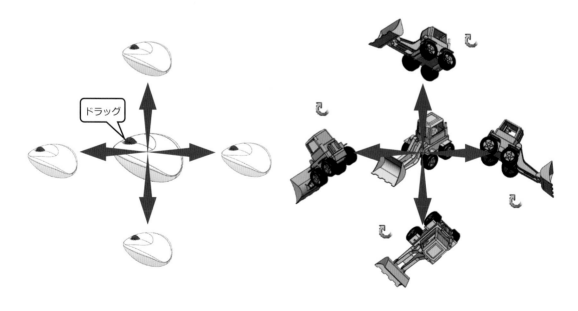

回転の中心を指定する

「頂点」、「エッジ」、「面」をマウスホイールでクリックしてからドラッグすると、クリックした要素を中心にモデルを回転させることができます。

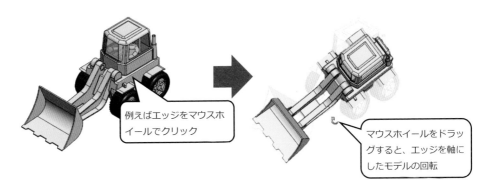

モデルを拡大・縮小する

マウスホイールを**手前**に回すと**拡大**、**奥**に回すと**縮小**します。

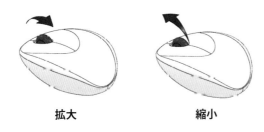

💡 拡大・縮小の動きは、**システムオプション**の「**表示**」の「**マウスホイールによる拡大/縮小の反転**」で変えられます。

☐ マウスホイールによる拡大/縮小を反転(R)
☑ 標準図に変更する際にウィンドウにフィット(Z)

SHIFT とマウスホイールを押しながら、マウスを**手前**へ移動すると**拡大**、**奥**へ移動すると**縮小**します。このとき、ポインタは 🔍↕ に変わります。

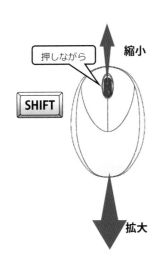

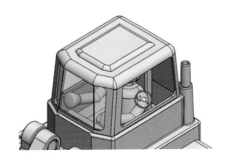

モデルを平行移動します。

CTRL とマウスホイールを押しながら、モデルを**移動させたい方向**へマウスを動かします。

このとき、ポインタは ✛ に変わります。

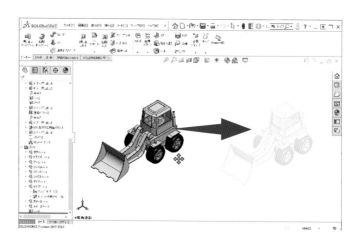

左ボタンの使い方

選択ボタンとして使用します。

状況依存ツールバー（コンテキストツールバー）

モデルの「**面**」、「**エッジ**」、「**フィーチャー**」などを、クリックで選択することができます。選択することで、その要素に応じたコマンドの一覧（ツールバー）が表示されます。

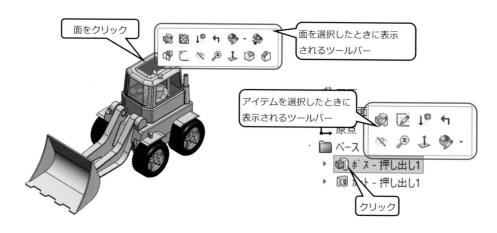

カーソルを大きく離すと消えてしまいます。

右ボタンの使い方

選択したアイテムに関するさまざまなオプションメニューを表示します。

「フィーチャー」、「モデルの面」、「グラフィックス領域」などをマウスで右クリックすると、オプションメニューが表示されます。**コンテキストツールバー**もあわせて表示されます。

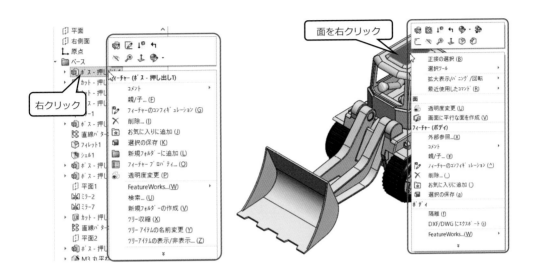

マウスジェスチャー

マウスジェスチャーは、**マウス**の**右ボタン**を使用したショートカットです。

1. **グラフィックス領域**で**マウスの右ボタンを押したままポインタを少し移動**させます。

   マウスジェスチャーガイド ⬚ [**平面**]、⬚ [**底面**]、⬚ [**左側面**]、⬚ [**右側面**]、これらのアイコンが表示されます。

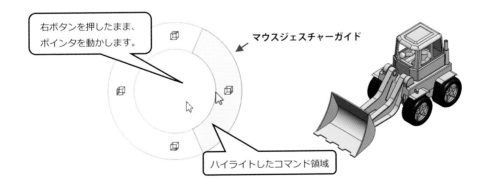

第
2
章

2.　そのままマウスジェスチャーガイドの**コマンド領域を横切る**と、モデルの向きが変わります。

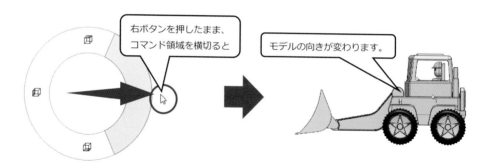

右ボタンを押したまま、
コマンド領域を横切ると

モデルの向きが変わります。

 Point　マウスジェスチャーの動作設定

図面、アセンブリ、部品、スケッチの各操作それぞれに、最大 12 までのコマンドを定義することができます。ここで定義できるコマンドは表示方向に限りません。

　［**ツール**］－［**ユーザー定義**］－［**マウスジェスチャー**］を選択します。

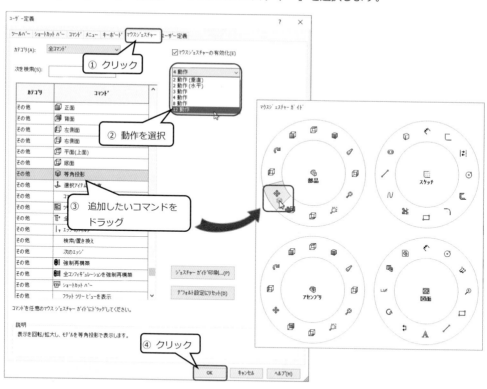

2.5　虫眼鏡

虫眼鏡を使用すれば、全体のビューを変更することなくモデルの観察や選択を行うことが可能です。

1. 観察したい位置にポインタを移動します。

2. キーボードの を押すと、下図のように**虫眼鏡**で**拡大**することができます。

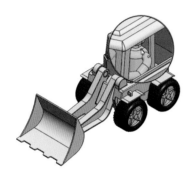

⚠ この機能は、サポートされているグラフィックス
　カードを使用の場合のみ有効です。

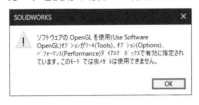

3. ポインタを動かすことで虫眼鏡を移動し、マウスホイールのスクロールにより拡大倍率を変えることが
　 できます。

ポインタを
動かす

拡大

4. 何もない場所をクリックするか、 または で虫眼鏡を終了します。

2.6　ヘッズアップビューツールバーの使用

表示に関するコマンドの**ツールバー**で、グラフィックス領域の**上部中央**にあります。

この項では、ヘッズアップビューツールバーを使用した**画面操作**を学びます。

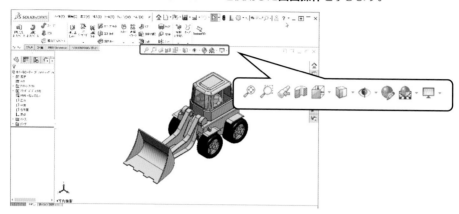

💡 ヘッズアップビューツールバーの表示/非表示の切り替えは、
　メニューバー［**表示**］－［**ツールバー**］－［**表示(ヘッズアップ)**］の選択/選択解除によって行います。

ウィンドウにフィット（全体表示）

モデルや図面を最適な位置と大きさで表示してくれます。

ヘッズアップビューツールバーの 🔍 ［**ウィンドウにフィット**］をクリックします。

クリック

ウィンドウにフィット (F)
表示されているアイテムをすべて表示します。

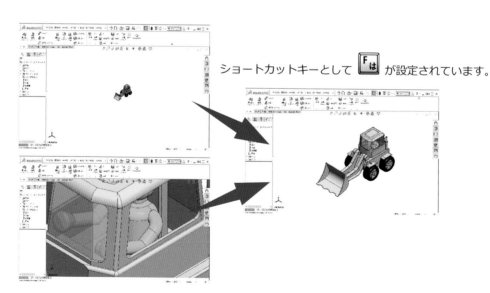

ショートカットキーとして **F は** が設定されています。

はじめての 3D CAD
SOLIDWORKS 入門

一部拡大（矩形範囲の拡大）

ドラッグで囲った範囲を拡大表示することができます。

1. **ヘッズアップビューツールバー**の  ［**一部拡大**］をクリックします。

2. ポインタの形が 🔍 に変わります。**拡大領域**を**矩形**で指定します。

   対角の 1 点目から **2 点目にかけ、マウスを**ドラッグ**することで**拡大表示されます。

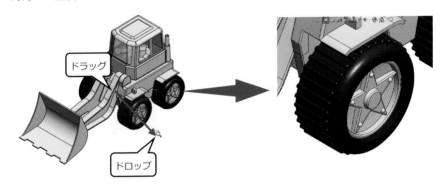

3. コマンドを終了するときにはもう一度 🔍 をクリック、もしくは ESC を押します。

最後の表示変更の取り消し

モデルの表示方向を変更したとき、変更する前の状態に戻すことができます。

ヘッズアップビューツールバーの  ［**最後の表示変更の取り消し**］をクリックします。

断面表示

指定した面および平面でモデルをカットすることで、内部構造を確認できます。

1. **ヘッズアップビューツールバー**の  ［**断面表示**］をクリックします。

クリック

断面表示
1つまたは複数の平面を使って部品
/アセンブリの断面を表示します。

2. Property Manager にて断面で表示したい基準面の選択、位置を設定します。

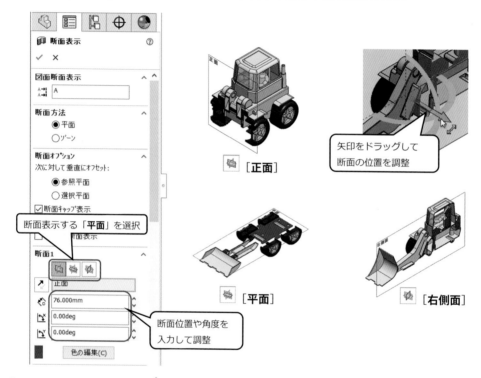

断面表示する「**平面**」を選択

断面位置や角度を
入力して調整

矢印をドラッグして
断面の位置を調整

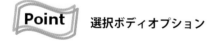 ［**正面**］

［**平面**］

［**右側面**］

3. Property Manager の ✔ ［OK］ボタンをクリックすると、断面を表示した状態で終了できます。

4. 再度、  ［**断面表示**］をクリックすると断面表示を解除します。

Point 　選択ボディオプション

指定したボディを断面図から除外、またはそのボディにだけ断面表示を適用させることができます。下
図は選択したボディのみ断面表示を適用にした状態です。

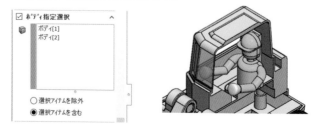

**はじめての 3D CAD
SOLIDWORKS 入門**

表示方向の切り替え

モデルを**標準的な向き**で表示します。

表示方向

ヘッズアップビューツールバーの ![icon] [**表示方向**] をクリックし、表示させたい方向のアイコンをクリックします。また、同時に ![icon] [**ビューセレクター**] も起動してみましょう。

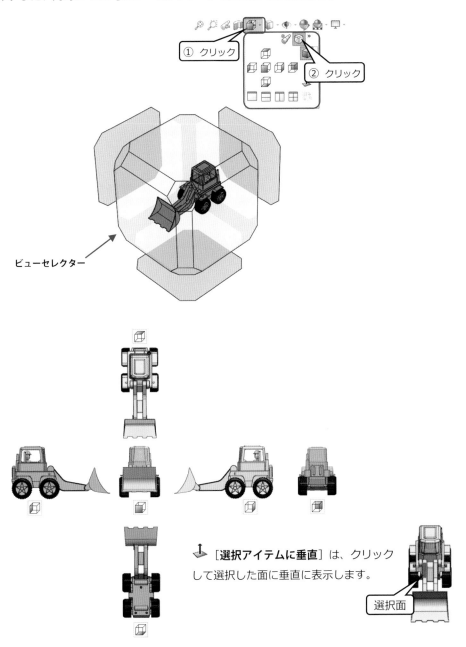

ビューセレクター

[**選択アイテムに垂直**] は、クリックして選択した面に垂直に表示します。

選択面

ビューセレクター

選択した**面から覗きこむような視点**で、モデルを表示させることができます。

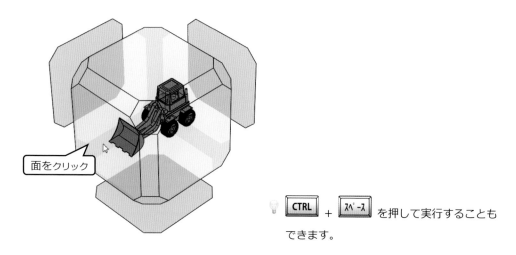

面をクリック

💡 CTRL ＋ スペース を押して実行することも
できます。

ビューポート

ビューポートは複数のウィンドウを通じて、多方向から同時にモデルや図面を見ることができます。

▢ [**単一ビュー**]、▤ [**2 面ビュー（水平)**]、▥ [**2 面ビュー（垂直)**]、▦ [**4 面ビュー**] のいずれかを
選択します。

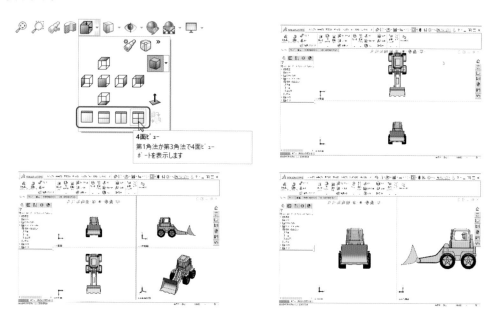

▤ [**2 面ビュー（水平)**]、▥ [**2 面ビュー（垂直)**]、▦ [**4 面ビュー**] から最初の単一画面に戻したい場
合は、▢ [**単一ビュー**] を選択するか、ビューの**境界線**を**ダブルクリック**して境界を削除します。

表示スタイルの切り替え

モデルの**表示状態**を切り替えることができます。

ヘッズアップビューツールバーの 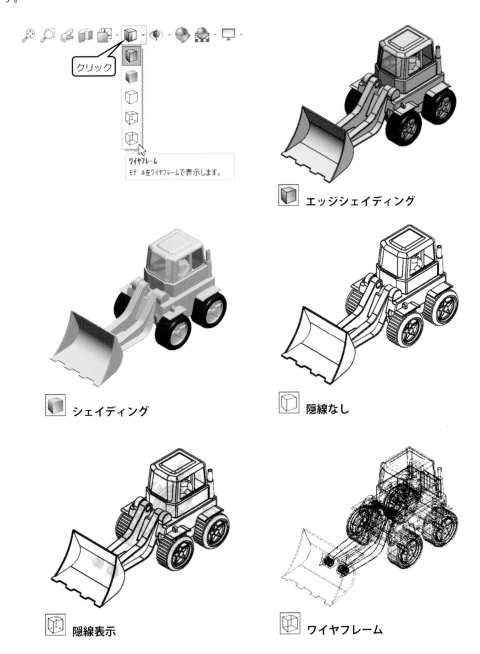 ［**表示スタイル**］からコマンドを選択します。
［**エッジシェイディング**］、［**シェイディング**］、［**隠線なし**］、［**隠線表示**］、［**ワイヤフレーム**］から選択します。

クリック

ワイヤフレーム
モデルをワイヤフレームで表示します。

エッジシェイディング

シェイディング

隠線なし

隠線表示

ワイヤフレーム

2.7　キーボードのショートカット

キーボード操作のみでコマンドを実行することにより作業を効率化できます。

代表的なショートカットには次のようなものがあります。

コマンド	キーボード	コマンド	キーボード
拡大表示	SHIFT + Z っ	正面ビュー	CTRL + 1 ぬ
縮小表示	Z っ	背面ビュー	CTRL + 2 ふ
ウィンドウフィット	F は	左側面ビュー	CTRL + 3 あ
ビューの回転	↑ ↓ → ←	右側面ビュー	CTRL + 4 う
ビューの移動	CTRL + ↑ ↓ → ←	平面ビュー	CTRL + 5 え
表示方向メニュー表示	スペース	底面ビュー	CTRL + 6 お
再表示	CTRL + R す	等角投影ビュー	CTRL + 7 や
最後のコマンド繰返し	Enter	面指定ビュー	CTRL + 8 ゆ
最近使ったドキュメント	R す	再構築	CTRL + B こ
ショートカット	S と	取り消し	CTRL + Z っ
実行コマンドの終了	ESC	やり直し	CTRL + Y ん
選択アイテムのコピー	CTRL + C そ	選択アイテムのペースト	CTRL + V ひ
すべて選択	CTRL + A ち	ウィンドウ切り替え	ALT + TAB
選択アイテムの削除	DEL	設定項目切り替え	TAB

はじめての 3D CAD
SOLIDWORKS 入門

2.8　ヘルプの使い方

ヘルプにアクセスすると、デフォルトで WEB バージョンのドキュメンテーションが WEB ベースのビューア(**WEB ヘルプ**)で表示されます。インターネットに接続できない場合は、ローカルのヘルプファイルの使用を選択することもできます。

ヘルプへのアクセス

ヘルプへのアクセス方法は次のいずれかです。

- ツールバーの ⑦ をクリックするか、[ヘルプ] － [SOLIDWORKS ヘルプ] を選択します。
- メニューバーのヘルプオプションにあるフライアウトメニューの ⑦ をクリックします。
- 状況依存ヘルプにアクセスするには、Property Manager の ⑦ をクリックするか、F1 を押します。

ヘルプの切り替え

WEB ヘルプとローカルヘルプを切り替えるには、

ツールバー［**ヘルプ**］－［**SOLIDWORKS WEB ヘルプ使用**］を選択します。

チェック ON が Web ヘルプを使用、OFF がローカルヘルプ使用を意味します。

WEB ヘルプ対応ブラウザ

WEB ヘルプを使用するには、下記の**ブラウザ**がインストールされている必要があります。

- **Internet Explorer 7** か、それ以降のもの
- **Firefox 2** か、それ以降のもの
- **Google Chrome 3.0** か、それ以降のもの

ワード検索

SOLIDWORKS **検索ボックス**に、検索する**キーワード**を**入力**し、 を押します。

> キーワードを
> 入力します。

SOLIDWORKS ヘルプにより結果が表示されます。

第3章　　モデリングの基礎知識と操作

SOLIDWORKS の特徴を理解し、ソリッドモデリングをするための基本操作を学びます。

この章では次のことを学びます。

- **SOLIDWORKS の特徴を理解する**
- **スケッチフィーチャーの種類**
- **設計意図とは**
- **ソリッドモデルを作成する**
- **モデルの編集方法とコーナー処理**
- **アイテムの選択**

3.1　SOLIDWORKS の特徴を理解する

Windows に準拠していますので、Windows で動く一般的なアプリケーションと同じように動作します。
SOLIDWORKS は**フィーチャーベース**の**パラメトリックソリッドモデラー**といわれています。

フィーチャーベースモデリング

製品が複数の部品から作り上げられるように、SOLIDWORKS のモデルも複数の要素を組み合わせて作成します。この要素のことを「**フィーチャー**」といいます。

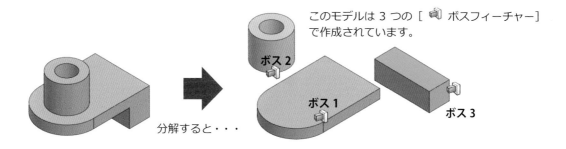

このモデルは 3 つの [🔲 ボスフィーチャー]
で作成されています。

ボス 2

ボス 1

ボス 3

分解すると・・・

フィーチャーのタイプ

フィーチャーには、**スケッチフィーチャー**と**オペレーションフィーチャー**という **2 つのタイプ**があります。

- ### スケッチフィーチャー

  スケッチと呼ばれる **2 次元形状**から作成します。

  （押し出し、回転、スイープ、ロフトなど）

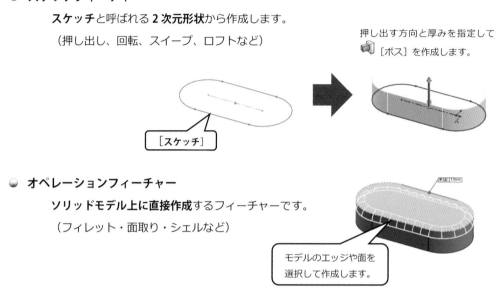

押し出す方向と厚みを指定して
［ボス］を作成します。

［スケッチ］

- ### オペレーションフィーチャー

  ソリッドモデル上に直接作成するフィーチャーです。

  （フィレット・面取り・シェルなど）

  モデルのエッジや面を
  選択して作成します。

パラメトリック

パラメトリックとは、**寸法値を変える**だけで**モデルの形状**が瞬時に変更される機能です。

よって、一度モデルを作成すれば"長さ"や"個数"といった数字で制御できるパラメータはあとで簡単に変更できます。

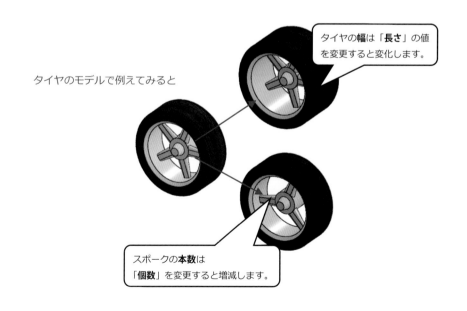

タイヤのモデルで例えてみると

タイヤの**幅**は「**長さ**」の値
を変更すると変化します。

スポークの**本数**は
「**個数**」を変更すると増減します。

ソリッドモデルとは

CAD システムで使用されるジオメトリの中で、ソリッドモデルが最も情報が多く完全なものです。
ソリッドモデルには、下記で説明する**ワイヤフレーム**と**サーフェスジオメトリ**の情報がすべて含まれています。

ワイヤフレーム

3 次元の立体を表す最も簡単な方法です。

竹ひごで立体を作るように、**頂点**と**エッジ**で**表現**します。

線分を描画するだけなので高速な表示が可能ですが、複雑な形状は理解することが難しくなります。

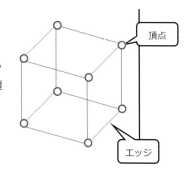

頂点

エッジ

サーフェスジオメトリ

立体を中身のない**表面**だけで**表現**します。

ワイヤフレームに**面を張り合わせた状態**です。

面を作る自由度が高く、複雑な曲面を作成しやすいため、デザイナー向けの CAD に多く使用されています。

張り子とも形容されます。

面の集合体で、
面に厚みの情報は
ありません。

ソリッドモデル

中身が詰まった立体として表現します。

ワイヤフレーム、サーフェスジオメトリがすべて含まれた最も**完全**な**立体モデル**です。

ジオメトリ同士を関連付ける情報（トポロジー）も持つため、**体積**や**重量**の計算、**干渉チェック等**に利用可能です。

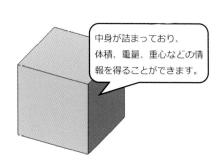

中身が詰まっており、
体積、重量、重心などの情
報を得ることができます。

3.2 スケッチフィーチャーの種類

代表的な**スケッチフィーチャー**の種類と特徴を学びます。

押し出しフィーチャー

平面に描いたスケッチ（輪郭）を押し出して形状を作成/カットする最もよく使われるフィーチャーです。

ドーナッツのようにスケッチの中にスケッチがある場合、内側のスケッチは穴になります。

また、押し出しには数多くの便利なオプションがあります。

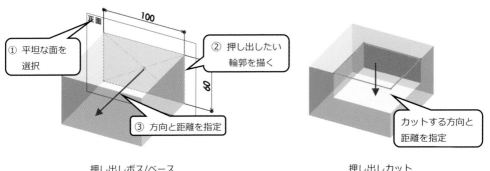

押し出しボス/ベース　　　　　　　　　　　押し出しカット

回転フィーチャー

軸を中心にスケッチ（輪郭）を回転させることで、その軌跡に形状を作成/カットするフィーチャーです。

作成するスケッチはモデルの面や平面フィーチャーなど、"平坦な面"であれば描けます。

（モデル例：フランジ、コーヒーカップなど）

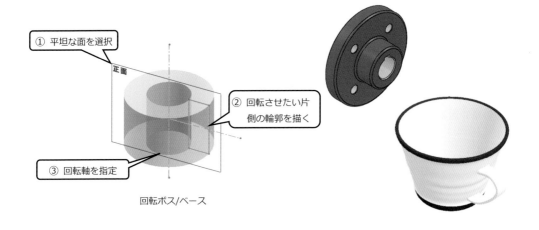

回転ボス/ベース

スイープフィーチャー

スケッチ（輪郭）を他のスケッチや 3D カーブなどの軌道線（パス）に沿って押し出すことにより、形状を作成/カットできます。基本的に 2 つのスケッチを要するフィーチャーです。

（モデル例：配管、パイプ椅子など）

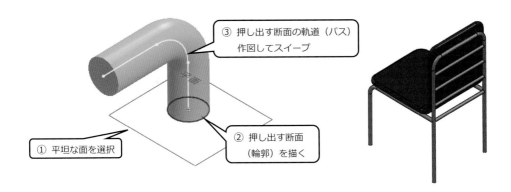

③ 押し出す断面の軌道（パス）作図してスイープ

① 平坦な面を選択

② 押し出す断面（輪郭）を描く

ロフトフィーチャー

複数のスケッチ（輪郭）をつなげて形状を作成/カットします。スケッチ間の形状変化は、別のスケッチをガイドカーブとすることで制御できます。自由曲面が作成される場合がほとんどなので、製品の意匠面を設計される方などがよく使用するフィーチャーです。

（モデル例：ルアー、プラスチックを使用した家電製品など）

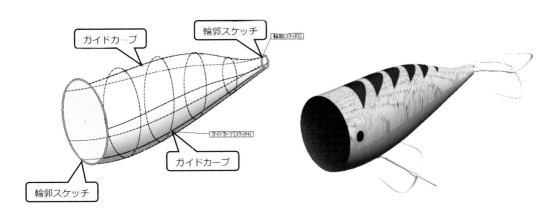

ガイドカーブ

輪郭スケッチ

輪郭(スケッチ2)

ガイドカーブ(スケッチ4)

ガイドカーブ

輪郭スケッチ

3.3 設計意図とは

寸法の取り方やフィーチャーの構成方法によって、修正を加えたときにモデルがどのように変形するかが変わります。そのため、設計の意図したとおりに変形されるようなモデルの作り方をしなければなりません。形状ができたらそれで良いということではないのです。

設計意図を 3D モデルに反映させるための要素に「**寸法付け**」、「**関係式や変数**」、「**幾何拘束**」があります。

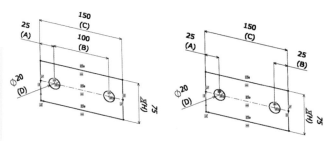

寸法付け

どの要素にどういった寸法を定義するかという判断が重要です。
それによって寸法値を変えたときの変化が大きく異なります。

上記のように寸法の入れ方が違えば、寸法変更時の変形の仕方が変わってきます。

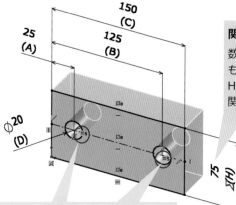

関係式や変数

数学的な関係を式や変数を寸法へ定義するものです。
H 寸法を C 寸法の半分の値にする場合は、関係式「H=C/2」を設定しておきます。

幾何拘束

スケッチ内のエンティティに幾何学的な特性や関連性を定義するものです。
[水平]・[垂直]・[鉛直]・[平行]・[等しい値]などの種類があります。
例えば、2 つの穴の直径が同じ場合は幾何拘束の[等しい値]を付与しておきます。片側の穴の寸法値を変更すると、もう一方の穴の直径も同時に変わります。

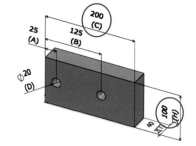

C 寸法を 200 に変更した場合は、H 寸法は 100 になります。

フィーチャー選択の例

どのフィーチャーを使ってモデリングするかが設計意図に大きく影響します。

レイヤーケーキアプローチ

部品の各部を 1 つずつ作成していく方法です。作成されるフィーチャーは 6 つです。

[🔩 ボス 1]　　[🔩 ボス 2]　　[🔩 ボス 3]　　[🔩 ボス 4]　　[🔩 ボス 5]　　[🔩 ボス 6]

ろくろアプローチ

1 つの回転フィーチャーで作成する方法です。

部品の断面をスケッチし、指定した軸を中心に回転させてモデルを作成します。

作成されるフィーチャーは 1 つです。

[🔄 回転]

製造アプローチ

機械加工する工程と同じ手順で作成します。旋盤での加工をイメージしてください。

作成されるフィーチャーは 5 つです。

[🔩 ボス 1]　　[🔲 カット 1]　　[🔲 カット 2]　　[🔲 カット 3]　　[🔲 カット 4]

3 つの作成方法を比べてみると「ろくろ」アプローチが効率的のように見えますが、

すべての設計情報を 1 つのフィーチャーに詰め込むため、柔軟性を損ない、変更が面倒になる場合があります。

設計意図に沿ったフィーチャーの選択が重要です。

3.4　ソリッドモデルを作成する

SOLIDWORKS の基本的なモデリング方法を学びます。手順に従って操作してみましょう。

新規部品の作成

新規で部品ドキュメントファイルを作成します。次の手順に従って操作しましょう。

1. メニューバーの［**ファイル**］-［**新規**］を選択するか、**ツールバー**の □ ［**新規**］を選択します。

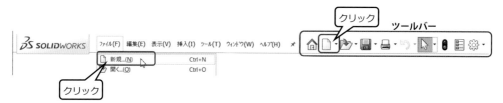

キーボードの CTRL を押しながら Nみ を押すと同様の操作になります。

2. 「**新規 SOLIDWORKS ドキュメント**」ダイアログが表示されるので、 を選択して OK を クリックします。

 Point　開始時のダイアログ

上図ははじめから用意されているビギナー向けのテンプレートを使用する画面です。規格や表示スタイルなど、作業しやすいテンプレートを作成して所定の場所に保存すれば、 アドバンス をクリックしたウインドウから独自のテンプレートを選ぶことができます。

ファイルの種類

SOLIDWORKS で作成できるファイルは以下の **3 種類**です。

- **部品**・・・・・部品を作成します。
- **アセンブリ**・・部品を組立てることができます。
- **図面**・・・・・部品またはアセンブリの図面を作成します。

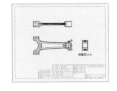

部品モデル　　　　**アセンブリモデル**　　　　　　**図　面**

3. 新しい**部品ドキュメントウィンドウ**が表示されます。

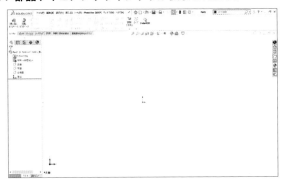

ファイルの保存

新規で作成したドキュメントに名前を付けて保存します。次の手順に従って操作しましょう。

1. メニューバーの ［**ファイル**］ – ［**保存**］ を選択するか、**ツールバー**の [保存アイコン] ［**保存**］ を選択します。

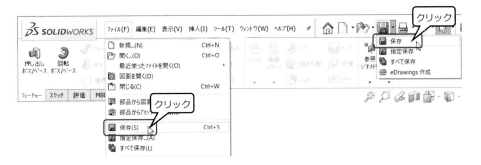

キーボードの [CTRL] を押しながら [S] を押すと同様の操作になります。

既存のファイルに上書き保存する場合は [保存アイコン] ［**保存**］、別名で保存する場合は [指定保存アイコン] ［**指定保存**］ を選択します。

2. 「**指定保存**」ダイアログが表示されます。

保存先フォルダーを選択して、**ファイル名**に「**練習**」と**入力**します。

 をクリックします。

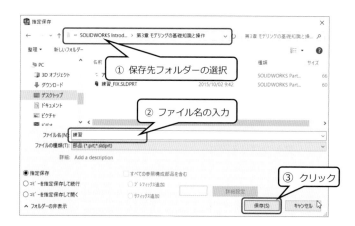

Point ファイルの保存方法

ファイルを保存すると RAM にあるファイル情報がハードディスクに書き込まれます。

RAM はコンピュータが稼働している場合のみ情報を記憶する一時的なメモリですので、

データの損失を防ぐための基本原則は頻繁にファイルを保存することです。

SOLIDWORKS では下記の 3 つのオプションでファイルを保存できます。

保存方法	RAM	ハードディスク
🖫 **保存**（ファイル名 A）	A のファイルが開いたまま	A の名前で上書き
🖫 **指定保存**（ファイル名 B）	B のファイルが開いたまま	A は変更なし　B が新規に作成
コピー指定保存	A のファイルが開いたまま	A は変更なし　B が新規に作成

新規スケッチの作成

新規スケッチの作成手順を学びます。次の手順に従って操作しましょう。

スケッチをアクティブにする

1. Feature Manager デザインツリーから［ 正面］を選択し、表示される**コンテキストツールバー**から
　　 ［**スケッチ**］を選択します。もしくは、［ 正面］を選択後、Command Manager［**スケッチ**］タ
　　ブをクリックして ［**スケッチ**］を選択します。

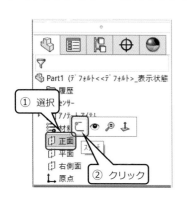

OR

2. 選択した［ 正面］が**アクティブ**になり、平面は**自動的**に真正面を向きます。
　最初のスケッチのみこのような動作をします。

 Point　スケッチ編集中の状態

スケッチがアクティブになると、グラフィックス領域の右上隅に、
［**確認コーナー**］ が表示されます。
これらのアイコンはスケッチが**アクティブ**である（スケッチが作成できる
状態）ことを表す確認用の表示です。
をクリックすると**内容が保存**され、スケッチが終了となります。
をクリックすると**内容を破棄**し、スケッチが終了となります。
スケッチ編集中は、そのスケッチ平面から見えるモデルの原点位置に
マークの絵が表示され、スケッチを終了すると消えます。

確認コーナー

スケッチを作成する

矩形コーナーコマンドを使用して原点位置に一辺が **100 mm 程度の四角形**を作成してみましょう。

3. Command Manager［**スケッチ**］タブの ▭ ［**矩形コーナー**］を選択します。

もしくは ⒮ を押すと表示されるショートカットから、▭ ［**矩形コーナー**］をクリックします。

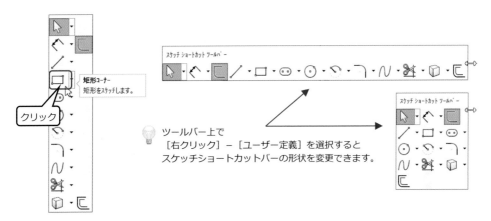

ツールバー上で
［右クリック］－［ユーザー定義］を選択すると
スケッチショートカットバーの形状を変更できます。

4. 画面の左側にパラメータを設定する **Property Manager**（**ダイアログ**）が表示されます。

　矩形タイプに ▱ ［**矩形コーナー**］が選択されていることを確認します。

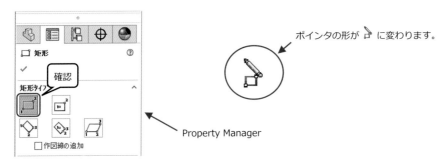

ポインタの形が ✎ に変わります。

Property Manager

5. **矩形**は**対角点**を指定して作成します。

　対角の**1 点目**として**原点位置**をクリックし、ポインタを右上へ移動します。

　ポインタの付近に **X** と **Y** の**座標**が表示されるので、それぞれ「**100**」程度になったらクリックします。

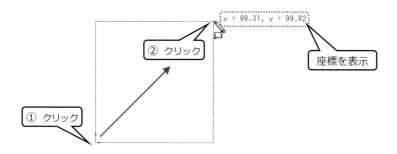

6. 矩形が作成されました。

　　緑色のマークは「**幾何拘束**」です、後のレッスンで学びます。

　　Property Manager の ✓ [OK] ボタンをクリックして操作を終了します。

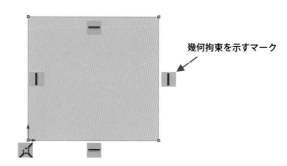

スケッチに寸法を追加する

作成した矩形に寸法を追加して **100 mm** の**正方形**にします。

7. Command Manager [**スケッチ**] タブの ✎ [**スマート寸法**] を選択します。

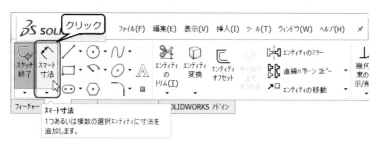

もしくは 〔S〕 を押すと表示されるショートカットから、✎ [**スマート寸法**] をクリックします。

8. 上側の水平な直線をクリックすると、寸法値が表示されます。

   そのままカーソルを上に移動させてクリックすると、「**修正**」ダイアログが表示されます。

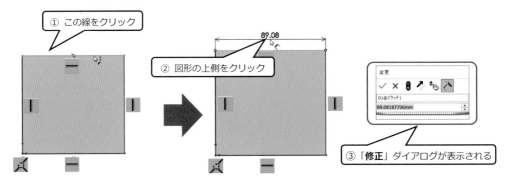

9. 「**修正**」ダイアログには現在の寸法値が表示されています。これを「**100**」に修正して ✔ [OK] ボタンをクリックします。直線の長さが **100** に変わりました。

   この**寸法**は**ドラッグ**すると**移動**できます。

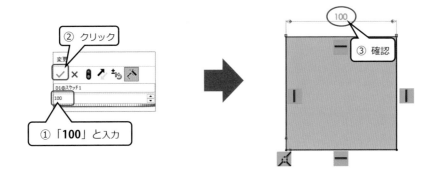

10. 同様に高さの寸法も入れましょう。右側の鉛直線をクリックし、図形の右側をクリックして寸法を配置します。ダイアログに「100」と入力しましょう。

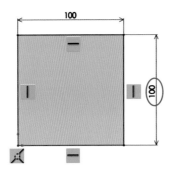

画面右下のステータスバーに「**完全定義**」と文字が表示されていることが確認できます。これは作成したスケッチの大きさや位置がすべて決まったことを意味しています。詳しくは後の項で説明します。

<4.4 スケッチの状態 P84>

スケッチを終了する

スケッチを終了してフィーチャーを作る準備をします。

11. **確認コーナー**の  ［**スケッチ終了**］をクリックします。

クリック

もしくは、Command Manager 左端の  ［**スケッチ終了**］を選択します。

クリック

12. Feature Manager デザインツリー に ［⌐ **スケッチ 1**］が作成されたことを確認します。

四角形の色が**水色**であればスケッチは"選択"　**灰色**であれば"未選択"の状態です。

ESC 　もしくはスケッチの背景、何もない空間をクリックして"**灰色**"の状態にしましょう。

スケッチを選択しているか否かで、この後の操作に影響します。

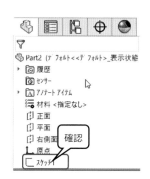

確認

非アクティブ表示色

3D モデルを作成する

作成した四角形を **50 mm** 押し出して 3D モデルを作成します。

1. Feature Manager デザインツリーの ［└ **スケッチ 1**］ をクリックして**選択**します。

   または、グラフィックス領域から四角形をクリックして選択状態にします。

   選択した要素は**水色**で表示されます。

2. 画面の左上、Command Manager を ［**フィーチャー**］ タブに切り替え、 ［**押し出しボス/ベース**］
   をクリックします。

   もしくは ［S と］ を押すと表示されるショートカットから、 ［**押し出しボス/ベース**］ をクリックしま
   す。

3. Property Manager で四角形を押し出す「**方向**」や「**距離**」などを設定します。

 ［**深さ/厚み**］に「**50**」と入力し、 を押します。

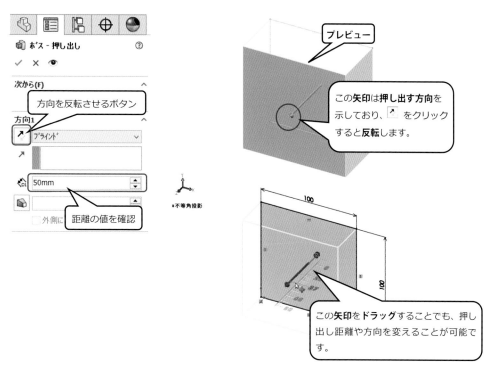

この**矢印**は**押し出す方向**を示しており、 をクリックすると**反転**します。

この**矢印**を**ドラッグ**することでも、押し出し距離や方向を変えることが可能です。

4. Property Manager または 確認コーナーにある ✔ ［OK］ボタンをクリックして操作を終了します。
   Feature Manager デザインツリーには、［🔴 **ボス － 押し出し 1**］が作成されます。

   ▶ をクリックすると、［🔴 **ボス － 押し出し 1**］の元になったスケッチが表示されます。

   ［⌐ **スケッチ 1**］は**フィーチャーに吸収**されて［**非表示**］になります。

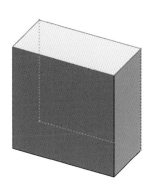

ツリーアイテムの表示コントロール

Feature Manager デザインツリーに表示されているアイテムは、[**表示**] または [**非表示**] をコントロールすることができます。

1. Feature Manager デザインツリーからアイテム [⌐ **スケッチ1**] を選択し、**コンテキストツールバー**から ⊙ [**表示**] を選択すると画面に表示されます。表示状態のときは、コンテキストツールバーのメニューは ⊠ [**非表示**] になります。

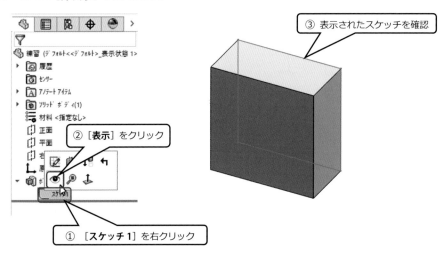

③ 表示されたスケッチを確認

② [**表示**] をクリック

① [**スケッチ1**] を右クリック

2. Feature Manager デザインツリー の ‹ をクリックすると**表示パネル**が現れます。
   スケッチの ⌐ をクリックして表示状態をコントロールすることも可能です。

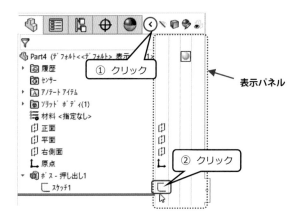

① クリック

表示パネル

② クリック

次の項でも引き続きこのデータを使用します。

3.5　モデルの編集方法とコーナー処理

モデルを作成する過程でスケッチ、フィーチャー、スケッチ平面という要素が出てきました。これらを編集することでモデルの形状を変更することができます。

それぞれの編集方法を学びます。

スケッチ編集ではコーナー処理方法（**スケッチフィレット**と**スケッチ面取り**）を学びます。

スケッチ編集

作成したスケッチを編集するにはいくつかの方法があります。

方法 1：Feature Manager デザインツリー からスケッチ編集

Feature Manager デザインツリー から［🔲 **ボス – 押し出し 1**］または［└ **スケッチ 1**］を選択し、
コンテキストツールバーから 🖉 ［**スケッチ編集**］を選択します。

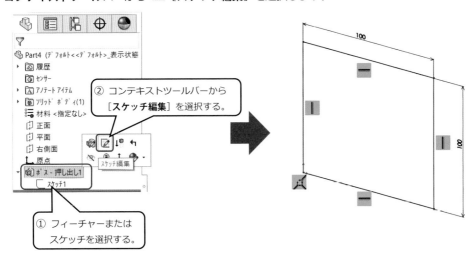

方法 2 ：グラフィックス領域からスケッチまたはボディを選択してスケッチ編集

グラフィックス領域内の**スケッチ**または**ボディ**を選択すると**コンテキストツールバー**が表示されます。
［**スケッチ編集**］を選択します。

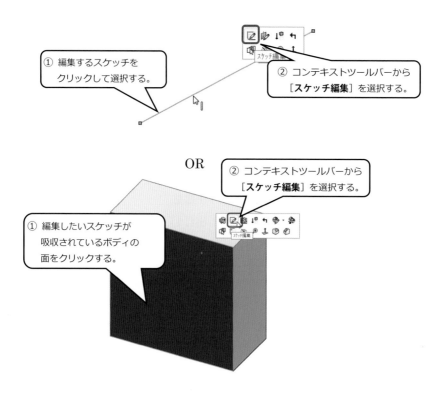

① 編集するスケッチを
　クリックして選択する。

② コンテキストツールバーから
　［**スケッチ編集**］を選択する。

OR

② コンテキストツールバーから
　［**スケッチ編集**］を選択する。

① 編集したいスケッチが
　吸収されているボディの
　面をクリックする。

方法 3 ：ダブルクリックからスケッチ編集

Feature Manager デザインツリー から ［　**スケッチ 1**］を**ダブルクリック**します。
もしくはグラフィックス領域から編集したい**スケッチ**を**ダブルクリック**します。

⚠ ダブルクリックからスケッチ編集する場合は、［**Instant 3D**］が有効になっている必要があります。
［**Instant 3D**］ が押されていない状態では寸法の表示のみです。

※本テキストでは、［**Instant 3D**］の設定は無効で作成しています。

はじめての 3D CAD
SOLIDWORKS 入門

スケッチフィレット

⌐ [**スケッチフィレット**] を使用すると、円弧で角を丸くすることができます。

1. Command Manager [**スケッチ**] タブの ⌐ [**スケッチフィレット**] を選択します。

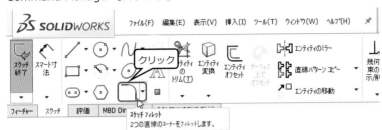

2. Property Manager の [フィレットパラメータ] に「**20**」と入力し、[Enter] を押します。
   コーナーとなる交点に**ポインタ**を**重ねてクリック**します。

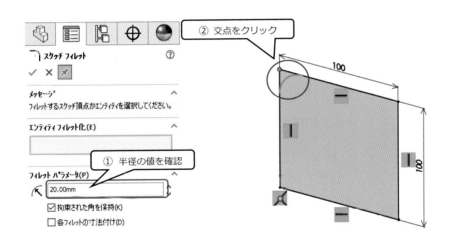

💡 **交点がない場合のフィレット作成方法**
   2つのスケッチエンティティ（エンティティは直線や円弧などの1要素のこと）をク
   リックしても、フィレットを作成できます。

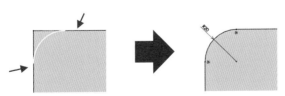

3. 右上のコーナーもクリックします。Property Manager または 確認コーナーにある ✓ ［OK］ボタン
をクリックしてスケッチフィレットのパラメータを適用します。

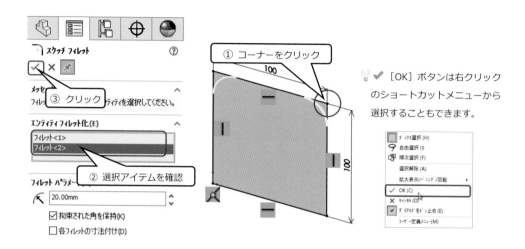

4. Property Manager または確認コーナーにある ✓ ［OK］ボタンをクリックして操作を終了します。

5. **1 箇所**にだけ**寸法**が追加され、**2 つの要素間**に ＝ ［**等しい値**］の幾何拘束が追加されます。

　　　　［**スケッチ終了**］をクリックして、3D モデルにもフィレットがあることを確認します。

　　　　を押すと表示されるショートカットから、 ［**スケッチ終了**］を選択することもできます。

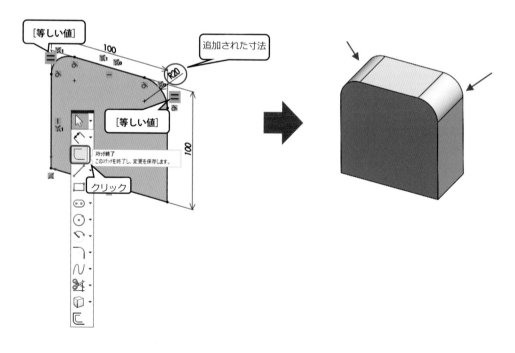

スケッチ面取り

⌐ [**スケッチ面取り**] を使用することで、よく図面で指示される C 面取りなどを簡単に作成できます。

1. Feature Manager デザインツリー から [◉ **ボス － 押し出し 1**] または [⌐ **スケッチ 1**] を選択し、コンテキストツールバーから ✐ [**スケッチ編集**] を選択します。

2. Command Manager [**スケッチ**] タブの ⌐ [**スケッチフィレット**] の右側にある ˇ をクリックすると ⌐ [**スケッチ面取り**] が表示されるので選択します。

3. Property Manager にて面取りのパラメータを設定します。

   [**距離－距離**] を選択し、[**等しい距離**] にチェックを入れ、🖾 [**距離 1**] に面取り値を「**20**」と入力して **Enter** を押します。

   交点をクリック、もしくは交点を作る **2 つのスケッチエンティティを選択**して面取りを作成します。**寸法**は**自動的**に**追加**され、**リンク値** ⊙⊙ マークが追加されます。

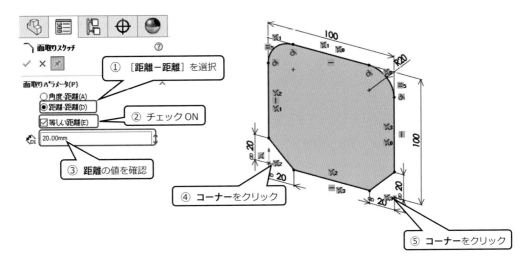

4. Property Manager または確認コーナーにある ✔ ［OK］ボタンをクリックして操作を終了します。

5. ⤵✔ ［**スケッチ終了**］をクリックすると、3D モデルに面取りが反映されました。

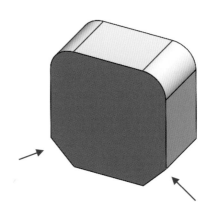

フィーチャー編集

フィーチャー編集は、既存フィーチャーの［**距離**］、［**方向**］、［**個数**］などのパラメータを編集することができます。［🔲 **ボス − 押し出し 1**］のパラメータを編集して厚さを変更してみましょう。

1. Feature Manager デザインツリーから［🔲 **ボス − 押し出し 1**］を選択し、コンテキストツールバーから 🔲 ［**フィーチャー編集**］を選択します。モデルの任意の面をクリックするとコンテキストツールバーが表示されるので、ここから 🔲 ［**フィーチャー編集**］を選択することもできます。

OR

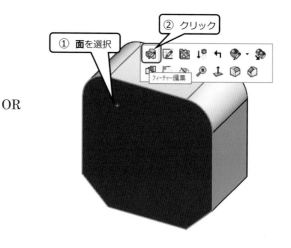

2. Property Manager が表示されるので、🏠 [**深さ/厚み**] に「**100**」と入力し、 Enter を押します。

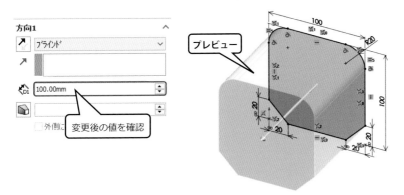

3. Property Manager または確認コーナーにある ✔ [OK] ボタンをクリックしてフィーチャー編集を終了します。

寸法値の編集

スケッチやフィーチャーを作成したときに定義した［**距離**］、［**角度**］などの**寸法値**を**編集**することで、モデル形状を簡単に変更することができます。ここではその編集方法を学びます。

スケッチ編集から寸法を編集

1. Feature Manager デザインツリー から［🔶 **ボス − 押し出し 1**］または［⊏ **スケッチ 1**］を選択し、コンテキストツールバーから 🖊 ［**スケッチ編集**］を選択します。

2. CTRL を押しながら 8 ゆ を押して正面へビューを向けます。

3. 水平方向の寸法を**ダブルクリック**すると「**修正**」ダイアログが表示されるので、「**150**」と入力して ✔ ［OK］ボタンをクリックします。

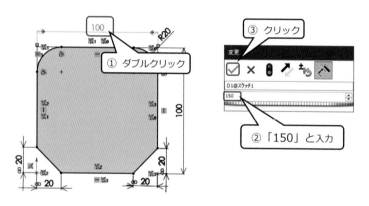

4. 形状が変更されたことを確認し、↳✦ ［**スケッチ終了**］をクリックします。

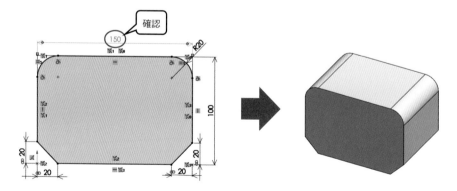

寸法の表示と編集

5. モデルの任意の**面**を**クリック**または**ダブルクリック**すると**寸法が表示**されます。

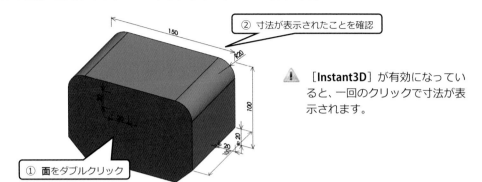

② 寸法が表示されたことを確認

⚠ ［**Instant3D**］が有効になっていると、一回のクリックで寸法が表示されます。

① 面をダブルクリック

6. スケッチフィレットの**半径寸法**を**ダブルクリック**すると「**修正**」ダイアログが表示されるので、「**50**」と入力して 🔩 ［**再構築**］をクリックします。

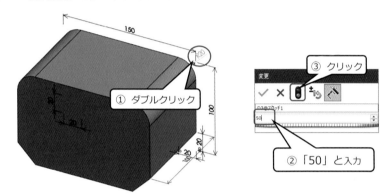

① ダブルクリック

③ クリック

② 「50」と入力

7. フィレットの**大きさ**が**変更**されたことを確認し、✔ ［OK］ボタンをクリックします。

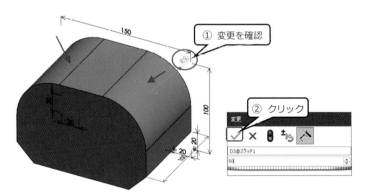

① 変更を確認

② クリック

💡 「**修正**」ダイアログの 🔩 ［**再構築**］をクリックする前に✔ ［OK］ボタンをクリックした場合は、ツールバーもしくはステータスバーにある 🔩 ［**再構築**］をクリックしてください。

🔩 ［**再構築**］のショートカットは `CTRL` を押しながら `B` です。

スケッチ平面編集

　[⌐ **スケッチ 1**] は [▯ **正面**] に作成しましたが、▯ [**スケッチ平面編集**] を使用することで [▯ **平面**] や [▯ **右側面**] などの**他の平面に置き換える**ことができます。

d

1. 　[⌐ **スケッチ1**] を選択し、**コンテキストツールバー**から ▯ [**スケッチ平面編集**] を選択します。
　　Property Manager の [**スケッチ平面/面**] には、現在作成されているスケッチ平面の名前が表示されています。

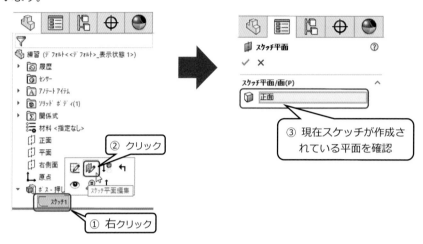

2. 　グラフィックス領域の左上にある ▸ をクリックして、**フライアウトデザインツリー**を展開します。
　　置き換えるスケッチ平面として [▯ **平面**] をクリックして選択します。

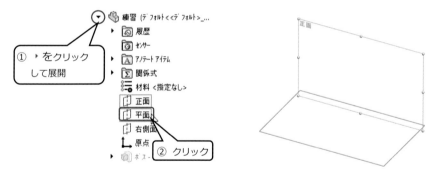

3. 　Property Manager または **確認コーナー**にある ✔ [OK] ボタンをクリックしてスケッチ平面編集を終了します。スケッチを [▯ **平面**] に置き換えたことにより、モデルの向きも変わります。

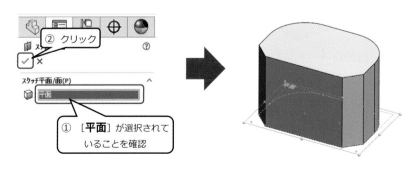

アイテムの削除

Feature Manager デザインツリーに表示されるスケッチやフィーチャーなどの**削除方法**を学びます。

スケッチエンティティの削除

スケッチ編集中に**スケッチエンティティ**や**寸法**などを**削除**する場合、それらを選択して ` DEL ` を押すことで削除されます。選択後に**右クリックメニュー**から［**削除**］を選択して実行することもできます。
詳しい選択方法については後の項で学びます。<3.6 アイテムの選択　P59>

フィーチャーの削除

1. グラフィックス領域または Feature Manager デザインツリーから削除する 1 つ以上のアイテムを選択します。［📐 **ボス － 押し出し 1**］を選択します。

2. ` DEL ` を押す、または右クリックショートカットメニューから ✕ ［**削除**］を選択します。

3. 「**削除確認**」ダイアログが表示されます。
   ［**含まれているフィーチャーを削除**］を**チェック ON** にすると、**全ての依存アイテム**に［✏ **スケッチ 1**］が表示されます。これは［📐 **ボス － 押し出し 1**］を作成するために使用したスケッチであり、このまま ` はい(Y) ` をクリックすると［📐 **ボス － 押し出し 1**］とともに削除されます。
   スケッチを残したい場合は、［**含まれているフィーチャーを削除**］を**チェック OFF** にしておきます。

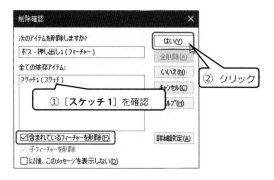

取り消し/やり直し

直前に実行した操作を取り消すには［**取り消し**］コマンドを使用します。

また、一度元に戻した操作を再実行するには、［**やり直し**］コマンドを使用します。

方法1：メニューバーから

メニューバーから［**編集**］－ 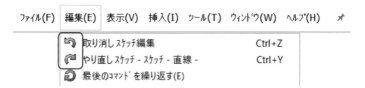［**取り消し**］もしくは［**編集**］－ ［**やり直し**］を選択します。

方法2：ツールバーから

ツールバーから  を選択します。

💡 複数の処理を取り消す場合は？

ツールバー の右側にある をクリックすると**取り消しリスト**が表示されます。

最後に行った操作［**削除**］からリストの一番上に表示されます。

リストから任意の操作を選択すると、それ以前のすべてのアクションが取り消されます。

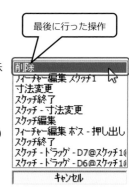

方法3：ショートカットから

CTRL ＋ Zっ は取り消し、 CTRL ＋ Yん はやり直しのショートカットになります。

ここで部品ファイル「**練習**」を ［**保存**］してファイルを閉じます。

3.6　アイテムの選択

[選択ツール] は、アイテムを選択するときに使用するコマンドで、コマンドを使用していないときには**常にアクティブな状態**になっています。ここでは、**選択ツール**の使い方を学びます。

1. メニューバーの［**ファイル**］－［**開く**］を選択するか、**ツールバー**の 🗁［**開く**］を選択します。

2. 「**開く**」ダイアログが表示されます。
   ダウンロードフォルダー「🗂 **第 3 章 モデリングの基礎知識と操作**」にある部品ファイル「🗞 **アイテムの選択**」を開きます。スケッチ編集の状態です。

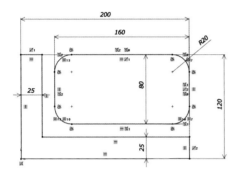

単一アイテムの選択

スケッチエンティティ（線、寸法、拘束のマーク）をクリックすると**水色**に変わります。
一度に選択できるのは**単一の要素のみ**です。

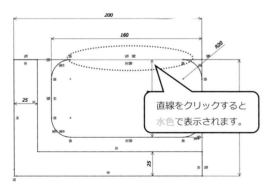

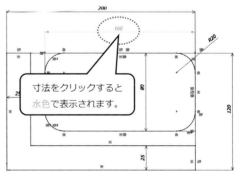

複数のアイテムを選択

複数のアイテムを選択するには、**CTRL**を押しながらクリックして選択します。

Feature Manager デザインツリーにあるフィーチャーやスケッチなどのアイテムを複数選択する場合も同様です。

ESC で選択解除します。

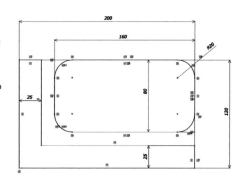

すべて選択

スケッチ編集中の場合は、アクティブなスケッチすべてのアイテムを選択します。

［すべて選択］は、部品、アセンブリ、図面の編集中に使用できます。

メニューバー［**編集**］－［**すべて選択**］を選択するか、

CTRL を押しながら **A ち** を押します。

ESC で選択解除します。

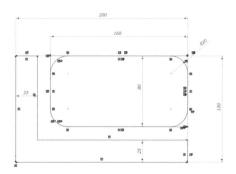

チェーン選択

右クリックしたエンティティに接続されているスケッチエンティティをすべて選択します。**スケッチエンティティを右クリック**し、メニューから［**チェーン選択**］を選択します。

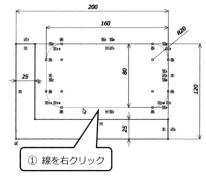

① 線を右クリック

チェーン選択 (A)
中点の選択 (B)
選択ツール
拡大表示/パニング/回転
グリッド表示 (F)
最近使用したコマンド (R)
スケッチエンティティ
寸法配置の詳細(M)

② クリック

ESC で選択解除します。

ボックス選択

ポインタを左上から右下にドラッグして**矩形**で囲うように選択します。

矩形は透明な**水色**で塗りつぶされています。**完全に矩形で囲まれたアイテムのみ選択**されます。

形状の一部だけ囲った場合は選択されません。

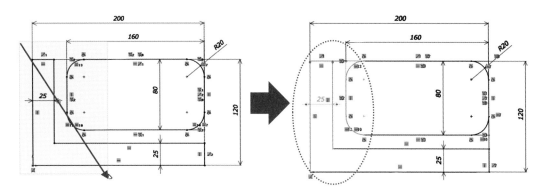

`ESC` で選択解除します。`CTRL` を押しながら左上から右下にドラッグして矩形で囲うと、その範囲だけ選択を解除することも可能です。

クロス選択

ポインタを右上から左下にドラッグして**矩形**で囲うように選択します。

矩形は透明な**緑色**で塗りつぶされています。**矩形で一部でも囲めたアイテムは選択**されます。

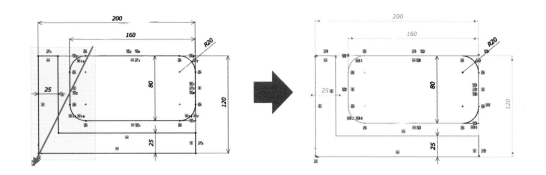

`ESC` で選択解除します。`CTRL` を押しながら右上から左下にドラッグして矩形で囲うと、その範囲だけ選択を解除することも可能です。

アイテムの自由選択

投げ縄のような自由形状でアイテムを選択することができます。

グラフィックス領域で**右クリック**し、選択ツールから 🔎 ［**自由選択**］を選択します。

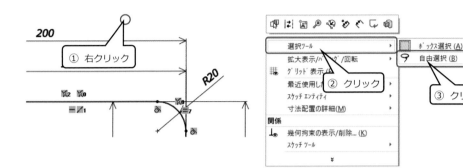

選択したい範囲を囲うように**ドラッグ**します。

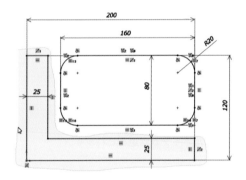

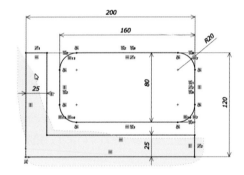

右回りで自由選択を行う場合は、縄の中に入っ
ているアイテムのみが選択されます。
選択した範囲は透明な**水色**で表示されます。

左回りで自由選択を行う場合は、縄の中に一部
でも入っているアイテムが選択されます。
選択した範囲は透明な**緑色**で表示されます。

ドロップして選択領域を**確定**します。

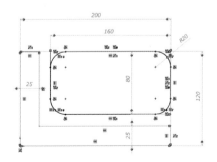

💡 ボックス選択に切り替えるには、グラフィックス領域
で右クリックし、メニューから［**ボックス選択**］を選
択します。

部品ファイルを閉じて操作を終了します。

第4章　　スケッチの習得

スケッチエンティティのツール（直線や円の作成）、幾何拘束、寸法記入などの基本的な使用方法を学びます。スケッチの作成は 3D モデルを作成するための重要なステップです。

スケッチを習得することは、3D モデルを完成させるための必須条件です。

この章では次のことを学びます。

- **スケッチエンティティの種類**
- **幾何拘束**
- **スケッチ寸法追加**
- **スケッチの状態**
- **スケッチのタイプ**
- **スケッチのチェック**
- **SketchXpert**

4.1　スケッチエンティティの種類

よく使用するコマンドと作成されるスケッチエンティティの種類を下表にまとめました。

コマンド名	作成されるスケッチエンティティ
直線	直線 または 作図線（中心線）を作成します。 パラメータにより水平、垂直、長さ、角度などを設定することができます。 オプションにより無限長の直線、作図線を作成することができます。
中心線	中心線は対称となるスケッチ要素の境界、回転体における軸、または作図ジオメトリ（作図上必要な補助線）として使用します。
円	中心点と半径を指定して円を作成します。中心座標と半径を指定することができ、作図ジオメトリ（ピッチ円の作成などに使用）として作成することもできます。
正接円弧	指定したジオメトリに正接円弧または垂直円弧を作成します。マウスポインタの動きから、正接円弧、垂直円弧のどちらを描こうとしているのかを推測します。
3点円弧	指定した 3 点を結ぶ円弧を作成します。 パラメータにより半径や円弧角度を設定することができます。

コマンド名	作成されるスケッチエンティティ
中心点円弧	円弧の中心と半径、始点と終点を指定して円弧を作成します。パラメータにより半径や円弧角度を設定することができます。
楕円	中心点、第1軸の半径と角度、第2軸の半径を指定して楕円を作成します。パラメータにより中心座標や半径を設定することができます。
スプライン	SOLIDWORKS は B−スプラインとスタイルスプラインという2種類のスプラインをサポートしています。B−スプラインは、スプライン点、スプラインハンドル、抑制ポリゴンなどのさまざまなコントロールを使用して複雑なカーブを作成します。
正多角形（ポリゴン）	多角形の角数、接円の方向、中心位置、大きさを指定して多角形を作成します。辺数が3から40の間の任意の数を設定できます。
矩形コーナー	矩形の対角の2点を指定して矩形を作成します。
矩形中心	矩形の中心と、コーナーの1点を指定して矩形を作成します。
点	指定した位置に点を作成します。点を基にフィーチャーを作成することはできませんので、図の中心位置に点を配置したり、参照点として使用したり補助的なスケッチエンティティとして使用します。
テキスト	フォント、スタイル、大きさを指定して平面上にテキストを作成します。ストロークフォント（OLF SimpleSansOC）にも対応しています。
ストレートスロット	長穴形状を円弧の2つの中心点（長さと角度）、半径を指定して作成します。作成時に寸法を自動記入することができます。
中心点ストレートスロット	長穴形状を中心点、長さと角度、半径を指定して作成します。作成時に寸法を自動記入することができます。
中心点円弧スロット	円弧状の長穴を作成します。円弧の中心点、円弧半径、始点、終点、長穴半径を指定します。作成時に寸法を自動記入することができます。

4.2　幾何拘束

形状を崩さないようにパラメトリックモデルを変形させるために、何らかの拘束を与える必要があります。
スケッチ作図における寸法も拘束のひとつですが、それだけで十分な定義をすることは不可能です。
そこで**幾何学的な特徴**（水平、直角、平行、正接など）をパラメータとしてスケッチ要素（直線や円など）
へ付加することにより、最低限の寸法で形状を定義できるようになります。
内部的には連立方程式を解く要領で形状が決定され、拘束条件を付ける順番に左右されないというメリット
があります。

設計意図としての幾何拘束

幾何拘束には、[水平]・[鉛直]・[垂直]・[正接]・[同一線上]など多くの種類があり、これらを使用する
ことで設計者の**設計意図**を**スケッチに反映**させることができます。

下図には、スケッチエンティティおよびスケッチエンティティ間に ▬ [**水平**]、▮ [**鉛直**]、◈ [**正接**]、
◪ [**一致**] という幾何拘束が付与されています。**幾何拘束により形状が完全に拘束**されているため、大きさ
は線や頂点をドラッグすることで変更することはできますが、形状自体を変更することはできません。

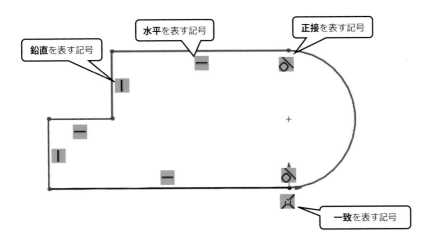

自動的に追加される幾何拘束

スケッチエンティティを作成した際に自動的に追加される拘束があります。
下記の手順に従って操作してみましょう。

1. メニューバーの［**ファイル**］–［**新規**］を選択するか、**ツールバー**の [新規] を選択します。

2. 「**新規 SOLIDWORKS ドキュメント**」ダイアログが表示されるので、 を選択して を
クリックします。

3. Feature Manager デザインツリーから［**正面**］を選択し、［**スケッチ**］を選択します。

4. Command Manager の［**スケッチ**］タブから［**直線**］を選択します。
ポインタの形が に変わります。

5. **原点**へポインタを移動させると マークが表示されます。これはポインタが原点位置に**スナップ**して
いることを意味し、このままクリックすると ［**一致**］の**幾何拘束が自動的に追加**されます。
クリックして**原点**を直線の始点として指定します。

CTRL を押している間は拘束の**自動追加**は**オフ**に
なります。

6. ポインタを**右側水平方向**に移動します。
マークが表示されたときにマウスをクリックすると、**水平**な直線が作成されます。
［**水平**］の幾何拘束が自動的に追加されます。

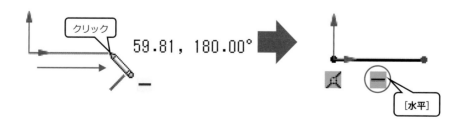

7. ポインタを**上方向**に移動します。

　｜ マークが表示されたときにマウスをクリックすると、**鉛直**な直線が作成されます。

　｜ [**鉛直**] の幾何拘束が自動的に追加されます。

8. ポインタを**右上方向**に移動します。

　何もマークが表示されていないときにクリックすると幾何拘束は追加されません。

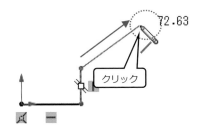

9. ポインタを左上の**黄色の破線（推測線）**の上に移動すると ⊥ マークが表示されます。

　このときにマウスをクリックすると、直前に作成した直線に対して垂直な線を作成します。

　⊥ [**垂直**] の幾何拘束が自動的に追加されます。

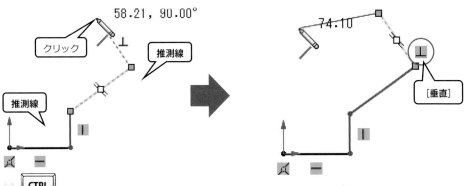

　　 CTRL を押している間は、**推測線**の上にポインタを移動しても ⊥ マークは表示され

　ません。

10. ポインタを左下の**黄色い破線（推測線）**の上へ移動し、さらに原点と鉛直な位置まで移動すると⊥ マーク と ┃ マークが表示されます。┃は [**鉛直**] を意味しますが、このままクリックしても ┃ [**鉛直**] の幾何束は追加されません。その状態でクリックしてください。⊥ [**垂直**] の幾何拘束のみ自動的に追加されます。

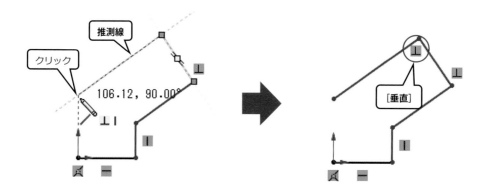

11. 原点位置にポインタを移動し、◎┃ が表示されたらクリックします。

形状が**閉じる**と連続線は**自動的に終了**し、┃ [**鉛直**] の幾何拘束が追加されます。

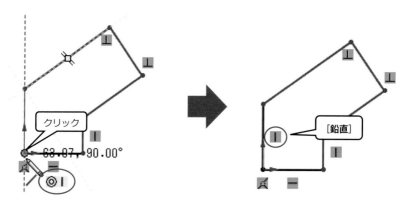

 推測線

スケッチ中に表示される破線を推測線といいます。ポインタが中点などのハイライトされているアイテムに近づくと、推測線は、既存のスケッチへの**幾何拘束関係を推測**します。

推測線には、**既存の直線ベクトル**、**━ 水平**、**┃ 鉛直**、**⊥ 垂直**、**正接**、**中心** などがあります。

12. 下図の**直線**を**ドラッグ**し、その直線が形状を維持しながら移動することを確認します。

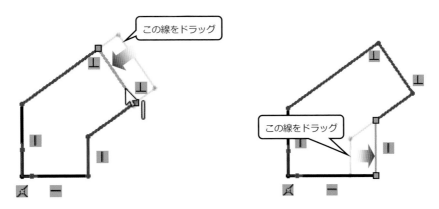

この線をドラッグ

この線をドラッグ

13. 下図の**点**を**ドラッグ**し、その点が形状を維持しながら移動することを確認します。

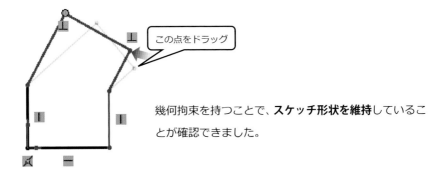

この点をドラッグ

幾何拘束を持つことで、**スケッチ形状を維持**していることが確認できました。

幾何拘束の削除

幾何拘束を削除する方法を学びます。

1. 削除したい**幾何拘束**の**マーク**を**クリック**して**選択**します。

   ［DEL］を押す、もしくは **右クリックメニュー**から ✕ ［**削除**］を選択します。

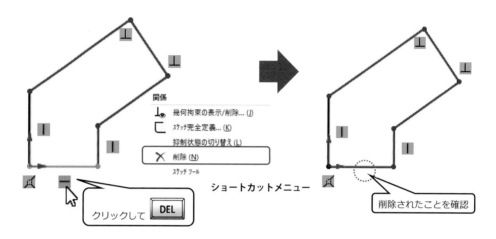

2. 下図の**線**を**選択**すると、その線に対して追加されている幾何拘束が Property Manager の［**既存拘束関係**］に表示されます。ここでその幾何拘束を**右クリック**し、ショートカットメニューの［**全削除**］または［**削除**］を選択することで削除できます。

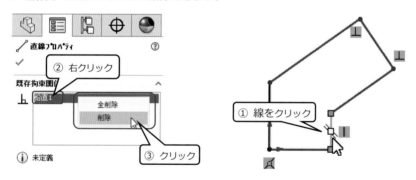

3. Command Manager の［**スケッチ**］タブから ⊥. ［**幾何拘束の表示/削除**］を選択します。

4. 既存の**幾何拘束**がすべて**リスト表示**されていることを確認できます。

　　全削除(L) をクリックすると、**すべての幾何拘束が削除**されます。

　　Property Manager の ✓ [OK] ボタンをクリックして操作を終了します。

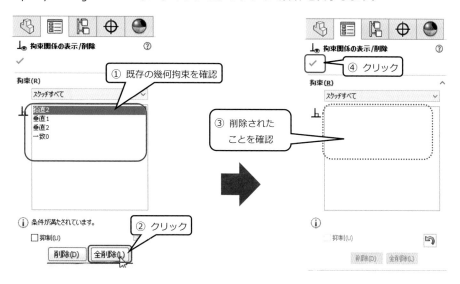

次の項では、すべての幾何拘束が削除されたこのスケッチに任意の幾何拘束を追加していきます。

幾何拘束を手動で追加

任意の幾何拘束を追加する方法を学びます。

1. **点**や**直線**を**ドラッグ**して**スケッチ**を**変形**させてみましょう。

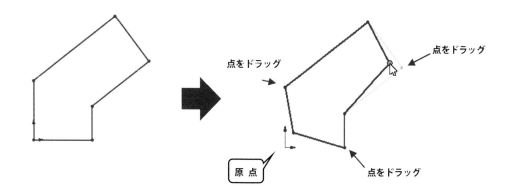

8. 下図の 2 つの直線の間にも ⊥ [**垂直**] の拘束を追加します。

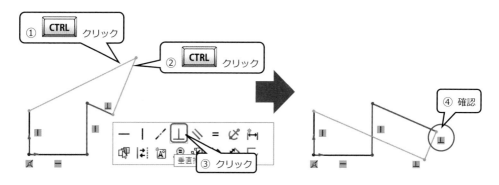

9. 幾何拘束を追加していくとスケッチが思わぬ方向へ変形する場合があります。これは点や線をドラッグすることで調整できます。拘束を追加しやすいように形状を整えながら作業してください。

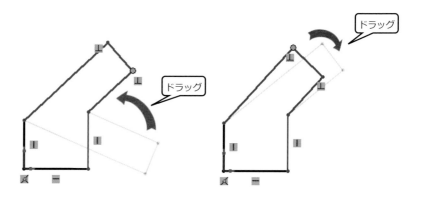

これですべての幾何拘束を追加することができました。

幾何拘束の種類

代表的な幾何拘束の種類を下表にまとめます。

幾何拘束	選択するエンティティ	結果として生じる幾何拘束
🗡 一致	点 1 つと直線 1 つ 点 1 つと円弧 1 つ 点 1 つと楕円 1 つ	点は直線、円弧、楕円と一致するように指定されます。
✓ マージ	2 つの点または端点	2 つの点が一致します。拘束のマークは表示されません。
◎ 平行	直線 2 つ以上	選択した要素は互いに平行となります。
⊥ 垂直	直線 2 つ	選択した要素は互いに垂直となります。
∕ 同一線上	直線 2 つ以上	これらの要素は同じ無限線上に指定されます。
◯ 同一円弧上	円弧 2 つ以上	これらの要素には同じ中心点と半径が指定されます。
─ 水平	直線 1 つ以上	その直線は水平になります。
	点 2 つ以上	点、および端点は水平に整列されます。
│ 鉛直	直線 1 つ以上	直線は鉛直になります。
	点 2 つ以上	点、および端点は鉛直に整列されます。
＝ 等しい値	直線と直線	選択した直線の長さが同じになります。
	円と円	選択した円または円弧の大きさが同じになります。
⬚ 固定	1 つまたは複数の オブジェクト	指定したオブジェクトの位置と大きさを固定します。
∕ 中点	点 1 つと直線 1 つ	点は直線の中点に指定されます。
◎ 同心円	円、円弧 2 つ以上	円、円弧は同じ中心点を共有します。
ᔐ 正接	1 つの円弧ともう 1 つの円弧ま たは直線	選択した 2 つの要素は接します。
⬚ 対称	中心線と次の要素を それぞれ 2 つ （点、線、円弧、楕円）	選択した要素は中心線を境界にして相対的な位置関係と なります。
☜ 貫通	スケッチ点 1 つと 次の要素を 1 つ （軸、エッジ、線、スプライン）	スケッチ平面を貫通する別の要素に対して、その平面上 での交点の位置で一致させます。

4.3　スケッチ寸法追加

SOLIDWORKS ではスケッチの要素に寸法を追加し、それを編集することでモデル形状を容易に変更できます。

1. メニューバーの［**ファイル**］－［**開く**］を選択するか、**ツールバー**の 🖱 ［**開く**］を選択します。

2. 「**開く**」ダイアログが表示されます。
   ダウンロードフォルダー「📁 **第 4 章 スケッチの習得**」にある部品ファイル「✎ **スケッチ寸法追加**」を開きます。このファイルは**スケッチ編集**の**状態**で開かれます。

直線の長さ寸法

直線の長さ寸法を追加する方法を学びます。次の手順に従って操作しましょう。

1. Command Manager の［**スケッチ**］タブから 〱 ［**スマート寸法**］を選択します。

2. **直線をクリック**すると寸法が現れ、そのまま**図形の外側**をクリックすると「**変更**」ダイアログが表示されます。寸法の位置もクリックしたところに配置されます。

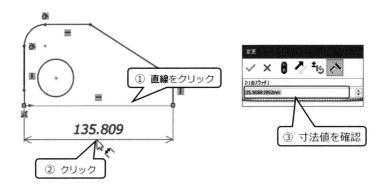

① 直線をクリック

135.809

② クリック

③ 寸法値を確認

3. 「**変更**」ダイアログに「**120**」と入力し、✔ [OK] ボタンをクリックします。

   寸法値が「**120**」に変更されたことを確認します。

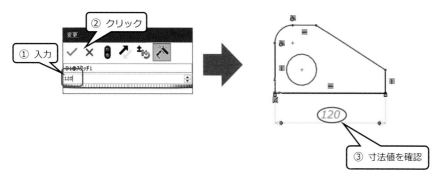

   寸法は**ドラッグ**して**移動**することができます。

4. 下図の直線にも同様の方法で**長さ寸法**を追加します。

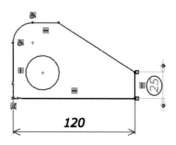

平行線間の距離寸法

平行な線の間に距離寸法を追加します。次の手順に従って操作しましょう。

1. 下図の**平行**な **2 つの直線**をクリックします。

   寸法が出てくるので、図形の左側をクリックして「**変更**」ダイアログを表示します。

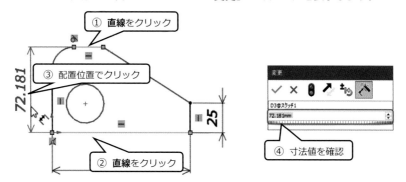

2. 「**変更**」ダイアログに「**60**」と入力し、✔ ［OK］ボタンをクリックします。
　寸法値が「**60**」に変更されたことを確認します。

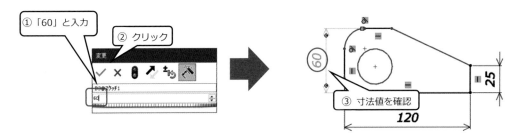

① 「60」と入力

② クリック

③ 寸法値を確認

寸法は**ドラッグ**して**移動**することができます。

2 点間の距離寸法

2 点間の距離寸法を追加します。次の手順に従って操作しましょう。

1. **2 つの点**をクリックすると、その **2 点間**の**距離寸法**が表示されます。
　ポインタの位置により、寸法線は**水平**、**斜め**、**垂直**へ表示が切り替わりますが、
　意図した表示状態になっているときに**マウスの右ボタン**をクリックすると、**表示方法を固定**できます。
　寸法を配置したい位置でクリックして「**変更**」ダイアログを表示させましょう。

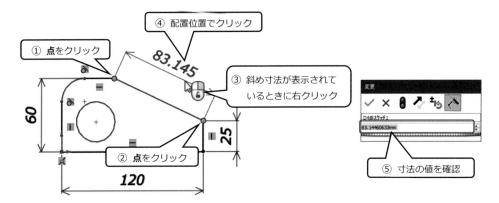

④ 配置位置でクリック

① 点をクリック

③ 斜め寸法が表示されて
　いるときに右クリック

② 点をクリック

⑤ 寸法の値を確認

はじめての 3D CAD
SOLIDWORKS 入門

2. 「**変更**」ダイアログに「**80**」と入力し、✔ ［OK］ボタンをクリックします。

    寸法値が「**80**」に変更されたことを確認します。

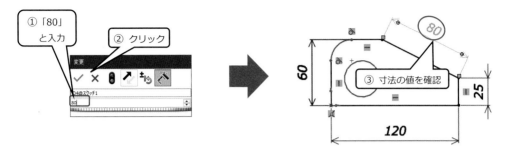

円の直径寸法

円に直径寸法を追加します。次の手順に従って操作しましょう。

1. 寸法を追加する**円周**を**クリック**します。

    寸法を配置したい位置でクリックすると、「**変更**」ダイアログが表示されます。

    ポインタの位置で寸法の形式が変わります。

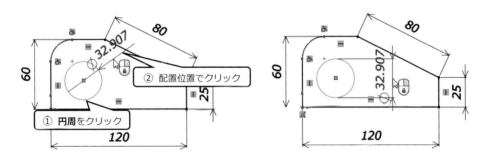

2. 「**変更**」ダイアログに「**30**」と入力し、✔ ［OK］ボタンをクリックします。

    寸法値が「**30**」に変更されたことを確認します。

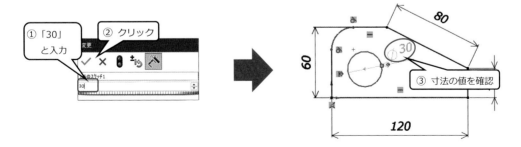

円弧の半径寸法

円弧に半径寸法を追加します。次の手順に従って操作しましょう。

1. 寸法を定義したい**円弧**を**クリック**します。

   配置したい位置でクリックすると、「**変更**」ダイアログが表示されます。

   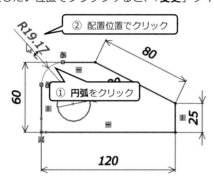

2. 「変更」ダイアログに「**20**」と入力し、✔ ［OK］ボタンをクリックします。

   寸法値が「**20**」に変更されたことを確認します。

   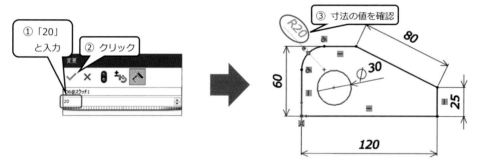

円の位置寸法

円の位置寸法を追加する方法を学びます。次の手順に従って操作しましょう。

1. 円の**円周**を**クリック**し、続いて左側の鉛直な直線をクリックします。

   寸法線を配置位置でクリックすると、「**変更**」ダイアログが表示されます。

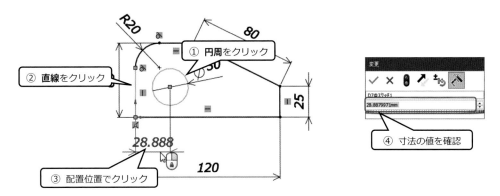

2. 「**変更**」ダイアログに「**25**」と入力し、✔ [OK] ボタンをクリックします。

   寸法値が「**25**」に変更されたことを確認します。

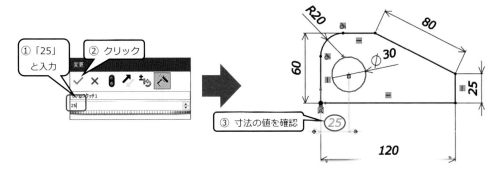

3. 垂直方向の位置寸法も同様の操作で追加してみましょう。

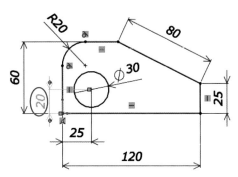

   ジオメトリが**すべて黒色**に変化しました。これは**完全に定義された状態**になったことを意味します。

   スケッチの状態に関しては、後の項で学びます。<4.4 スケッチの状態 P84>

Point　円弧の状態

円の位置寸法を追加するとき、円の中心点ではなく円周を選択することにより寸法オプションの「**円弧の状態**」が使用可能になります。

「**円弧の状態**」は寸法を選択し、Property Manager から［**引出線**］タブをクリックすると表示されます。位置は［**中心**］、［**最小**］、［**最大**］から選択します。

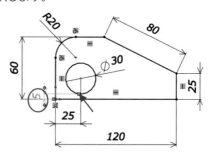

最小を選択

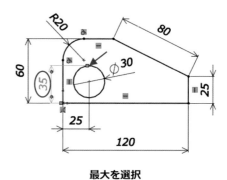

最大を選択

角度寸法

2 つの直線間に角度寸法を追加します。次の手順に従って操作しましょう。

1. **角度を成す 2 つの直線**をクリックし、寸法を配置したい位置でクリックします。

   ポインタの位置で寸法の形式が変わります。

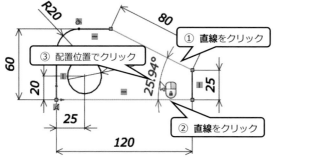

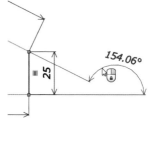

2. 「**従動寸法に設定しますか**。」ダイアログが表示されます。このダイアログは完全定義されている状態で寸法を追加すると表示されます。[**従動寸法に設定**] を選択し、OK(O) をクリックします。

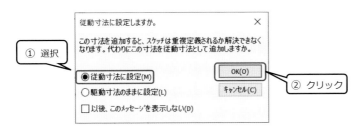

3. 寸法を配置したい位置でクリックします。**従動寸法**では「**修正**」ダイアログは表示されません。Property Manager の ✔ [OK] ボタンをクリックして操作を終了します。

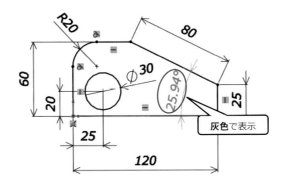

灰色で表示

　駆動寸法と従動寸法

スケッチ寸法には次の 2 つの種類があります。

　　駆動寸法・・・スケッチ作成時に [**スマート寸法**] ツールを使用して作成した寸法です。

- フィーチャー作成時に使用した寸法は駆動寸法です。
- 寸法をダブルクリックすることで寸法値を変更できます。
- デフォルトでは「**黒色**」で表示されます。
- モデル寸法ともいいます。

　　従動寸法・・・完全定義されたスケッチに追加した寸法です。

- 寸法をダブルクリックしても寸法値は変更できません。
- デフォルトでは「**灰色**」で表示されます。
- 参照寸法ともいいます。

4.4 スケッチの状態

スケッチの状態は下記の**3つ**に分けられます。

未定義	寸法や幾何拘束による定義が足りず、自由度がある状態です。 デフォルトでは「**青色**」で表示されます。
完全定義	寸法や幾何拘束により完全に定義され、自由度がない状態です。 デフォルトでは「**黒色**」で表示されます。原則として、スケッチを終了するときにはこの状態であることが望ましいです。
重複定義	**寸法や幾何拘束が重複**、または**矛盾**して定義されている状態です。 デフォルトでは「**赤色**」で表示されます。

次の手順に従って操作を行い、スケッチの状態の変化をみてみましょう。

1. メニューバーの［**ファイル**］-［**開く**］を選択するか、**ツールバー**の 🖻 ［**開く**］を選択します。

2. 「**開く**」ダイアログが表示されます。
   ダウンロードフォルダー「📁 **第4章 スケッチの習得**」にある部品ファイル「🖫 **スケッチの状態**」を開きます。スケッチ編集の状態で開きます。

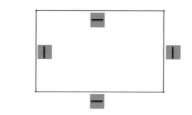

未定義状態を確認

未定義状態のスケッチの特徴について確認します。

3. **青い線**が4本ありますが、それはこの線が**未定義状態**であることを表します。
   このようなスケッチエンティティはドラッグして移動することができます。
   ステータスバーに「**未定義**」と表示されていることを確認します。

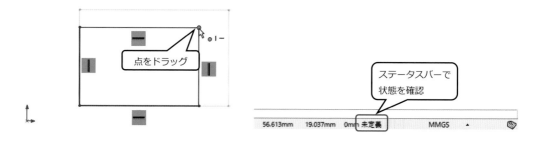

点をドラッグ

ステータスバーで状態を確認

4. ⌐↵ [**スケッチ終了**] をクリックします。

Feature Manager デザインツリーに作成された [⌐ **スケッチ 1**] を確認します。

未定義状態のスケッチには (-) **マーク**が付与されます。

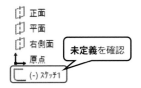

完全定義を確認

スケッチに拘束を追加し、完全定義になるまでの状態の変化を確認します。

5. Feature Manager デザインツリーから [⌐ **スケッチ 1**] を選択し、コンテキストツールバーから
   ☑ [**スケッチ編集**] を選択します。

6. **矩形左下の端点**を**原点**に ⌐⌐ [**一致**] させ、⌐ [**スマート寸法**] を使用し水平および垂直方向の**寸法**を
   追加します。スケッチエンティティが**完全定義**を意味する**黒色**になったことを確認してください。大き
   さと位置が確定したので、ドラッグしても動かすことはできません。

   ステータスバーには「**完全定義**」と表示されていることを確認します。

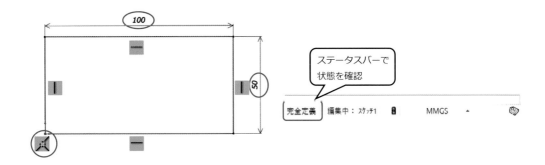

7. ⌐↵ [**スケッチ終了**] をクリックします。

Feature Manager デザインツリーに作成された [⌐ **スケッチ 1**] を確認します。

完全定義状態のスケッチには (-) **マーク**はありません。

重複定義を確認

完全定義されているスケッチに幾何拘束または駆動寸法を追加すると重複定義になります。

8. Feature Manager デザインツリーから［⌐ **スケッチ 1**］を選択し、コンテキストツールバーから
   🗹 ［**スケッチ編集**］を選択します。

9. 下図のように**角度寸法**を追加します。

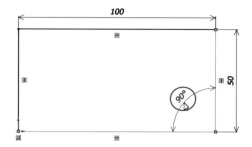

10. 「**従動寸法に設定しますか。**」ダイアログが表示されます。
    ［**駆動寸法のままに設定**］を選択し、 OK(Q) をクリックします。

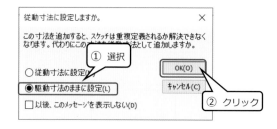

11. ステータスバーに「⚠ **重複定義**」と表示されていることを確認します。

12. ⌐✐ ［**スケッチ終了**］をクリックすると、「**エラー内容**」ダイアログが表示されます。
    閉じる(C) をクリックしてダイアログを閉じます。

13. Feature Manager デザインツリーに作成された［└ **スケッチ1**］を確認します。

重複定義状態のスケッチには ⚠ （+）**マーク**、部品名には ⚠ **マーク**が付与されます。

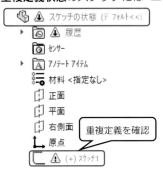

重複定義を確認

重複定義を修復するには？

重複している拘束を手動操作、または **SketchXpert** というコマンドを使用して削除します。詳しくは後の項で説明します。<4.7 SketchXpert P91>

4.5　スケッチのタイプ

スケッチのタイプにより、フィーチャーの実行結果が異なります。

スケッチを［🔲 **押し出しボス/ベース**］で作成した場合を例として説明します。

閉じたスケッチ

完全に閉じた輪郭で構成されるスケッチです。

断面（輪郭）になるスケッチを作成する場合の**基本的な状態**です。

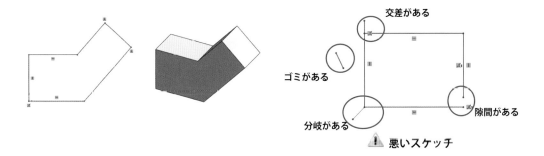

交差がある

ゴミがある

分岐がある

隙間がある

⚠ 悪いスケッチ

開いたスケッチ

閉じられていない輪郭です。板厚を指定して押し出す**薄板フィーチャー**を実行する際に用います。

同じ端点を持つ開いたスケッチ（**分岐**）がある場合は実行できません。

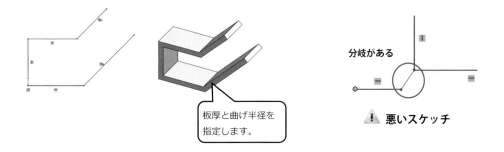

板厚と曲げ半径を指定します。

分岐がある

⚠ 悪いスケッチ

入れ子

閉じられた輪郭の中にもう一つ閉じられた輪郭がある状態です。押し出すと中の輪郭は**穴**になります。

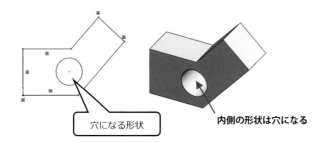

穴になる形状

内側の形状は穴になる

交差

直線や円弧が交差している状態で、押し出す領域を自動的に認識することができません。

輪郭選択ツールを使用して領域を指定した場合は押し出すことが可能です。

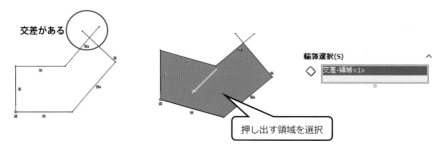

交差がある

輪郭選択(S)

交差-領域<1>

押し出す領域を選択

自己交差

輪郭は閉じていますが、**自分自身で交差**している状態です。

このタイプのスケッチは**複数のソリッドボディ**を作成します。これを**マルチボディソリッド**といいます。

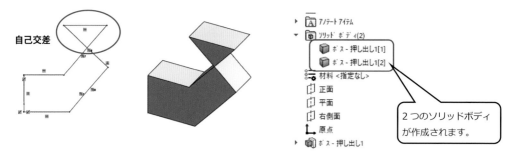

自己交差

2つのソリッドボディ
が作成されます。

離れた輪郭

閉じた輪郭が離れた位置に複数存在する状態です。

このタイプのスケッチは**マルチボディソリッド**を作成します。

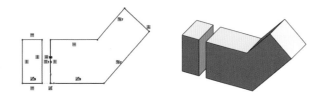

4.6　スケッチのチェック

スケッチ修復ツールは、使いたいフィーチャーに適したスケッチになっているかの確認、またエラーがあればその箇所を教えてくれるツールです。

1. メニューバーの［**ファイル**］－［**開く**］を選択するか、**ツールバー**の 🗁 ［**開く**］を選択します。

2. 「**開く**」ダイアログが表示されます。

   ダウンロードフォルダー「 📁 **第 4 章 スケッチの習得**」にある部品ファイル「 🖉 **スケッチのチェック**」を開きます。スケッチ編集の状態で開きます。

3. メニューバーから［**ツール**］－［**スケッチツール**］－［**スケッチのチェック**］を選択します。

4. 「**スケッチのフィーチャーでの使用可能性をチェック**」ダイアログが表示されます。

   ［**フィーチャーでの使用**］に［**ベース押し出し**］が選択されていることを確認し、 チェック(C) をクリックします。

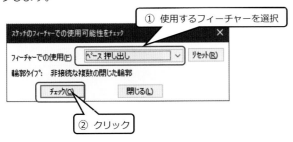

5. **スケッチに問題**がある場合は下図のような**メッセージボックス**が表示されます。

   問題があることがわかりましたので、 OK をクリックして「**スケッチの修正**」を試みます。

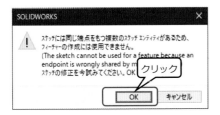

6. **修正**が必要な**箇所**が [**虫眼鏡**]にて拡大表示されます。

さらに拡大すると、**四角形の右下コーナー**に余分なジオメトリがあることを確認できます。

余分なジオメトリを**削除**し、離れている端点を**マージ**させて**コーナー**を作ります。

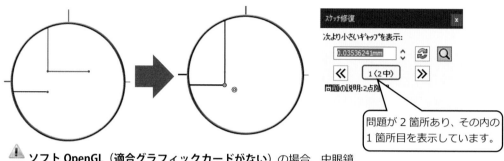

> 問題が 2 箇所あり、その内の 1 箇所目を表示しています。

⚠️ **ソフト OpenGL（適合グラフィックカードがない）**の場合、虫眼鏡は表示されません。その場合、不具合箇所はハイライトを頼りに探す必要があります。

7. [**更新**]をクリックすると、**四角形の左上コーナー**にも**問題**があることがわかります。

余分なジオメトリを削除します。

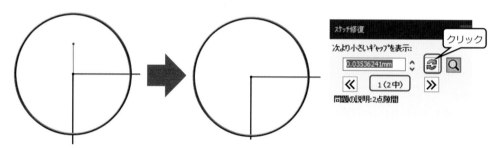

> クリック

8. [**更新**]をクリックします。スケッチがすべて修正されると、「**修復**」ダイアログに「**問題は見つかりません。**」と表示されます。 ✕ をクリックして**スケッチ修復**を**終了**します。

① 確認
② クリック

9. 再度、[**スケッチのチェック**]を実行して**問題がないことを確認**します。

問題が見つからない場合は下図のメッセージダイアログが表示されるので、 OK をクリックします。

> クリック

はじめての 3D CAD
SOLIDWORKS 入門

4.7　SketchXpert

SketchXpert は、重複定義によりエラーが出てしまったスケッチを解決するためのツールです。

1. メニューバーの［**ファイル**］–［**開く**］を選択するか、**ツールバーの** [**開く**］を選択します。

2. 「**開く**」ダイアログが表示されます。
   ダウンロードフォルダー「　**第 4 章　スケッチの習得**」にある部品ファイル「　**SketchXpert**」を開きます。

3. **重複定義**されているファイルを開くと、「**エラー内容**」ダイアログが表示されます。
   閉じる(C) をクリックしてダイアログを閉じます。

4. ステータスバーの ⚠重複定義 をクリックします。

5. 診断(D) をクリックすると、**結果**に**解決方法**が表示されます。
   「**1/7**」は、7 つある解決法の 1 つ目を画面に表示していることを意味します。

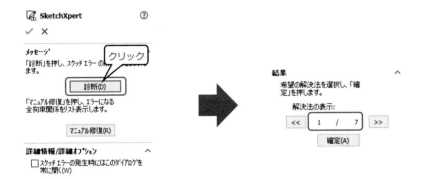

6. **赤い斜線**マークがある拘束は ` 確定(A) ` をクリックすると削除される拘束です。` >> ` をクリックすると次の解決方法が表示されます。

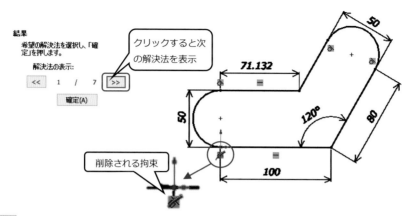

7. ` >> ` をクリックすると、下図の寸法が削除対象として表示されます。

` 確定(A) ` をクリックしてこの寸法を削除します。

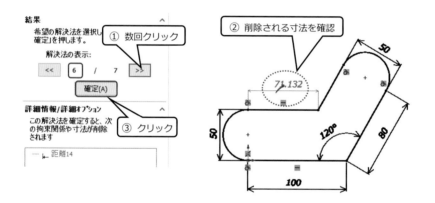

8. 「**メッセージ**」に「**スケッチはこれで有効な解決を見つけることができます。**」と表示されます。

Property Manager の ✔ [OK] ボタンをクリックして操作を終了します。

スケッチの状態が「**重複定義**」から「**完全定義**」になったことを確認します。

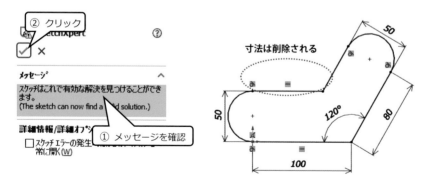

第5章　ソリッドモデリング（1）

この章では、モデリングのための基本操作を学びます。

- 押し出しボス／ベース
- 押し出しカット
- 穴ウィザード
- フィレット
- 面取り

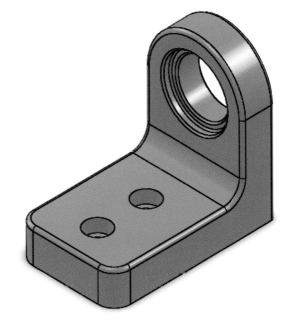

新規部品ドキュメントの作成

1. メニューバーの［**ファイル**］－［**新規**］を選択するか、**ツールバー**の ⬜ ［**新規**］を選択します。

2. 「**新規 SOLIDWORKS ドキュメント**」ダイアログが表示されるので、 を選択して ＯＫ を
   クリックします。

3. メニューバーの［**ファイル**］－［**保存**］を選択するか、**ツールバー**の 💾 ［**保存**］を選択します。

4. 「**指定保存**」ダイアログが表示されます。
   保存先フォルダーの選択、**ファイル名**に「**軸受**」と入力をし、 保存(S) をクリックします。

5.1 押し出しボス/ベース

スケッチ平面に対して、スケッチを垂直に押し出してソリッドを作成します。

オプションの設定により、押し出しの状態、厚み、勾配付けなどタイプの違うソリッドを作成することができます。

スケッチの作成（1）

1. Feature Manager デザインツリーから［📄 **右側面**］を選択し、⬚ ［**スケッチ**］を選択します。

2. Command Manager の［**スケッチ**］タブから ✏ ［**直線**］を選択します。

3. 連続線の**開始点**は**原点位置**とします。

   原点をクリックし、上方向にポインタを移動して

   ｜ マークが表示されたときにマウスをクリックします。

原点位置

4. ✏ ［**直線**］を実行中に**正接円弧**を作成することができます。

   コマンド実行中に [Aち] を押すと**正接円弧**の作図に切り替える

   ことができます。再度 [Aち] を押すと直線に戻ります。

   水平方向に**推測線**が表示されている位置でマウスをクリックします。円弧の**角度**は **180°** になります。

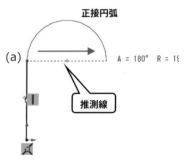
正接円弧
(a)　推測線
A = 180°　R = 1...

   💡**連続線の最後の端点位置(a)にポインタを移動**しても

   　　正接円弧に切り替えることができます。

5. **下方向**、**原点位置**に対して**水平な位置**にポインタを移動します。

   ｜〰ー マークが表示されたときにマウスをクリックします。

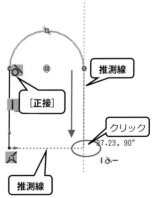
推測線
［正接］
クリック
推測線

6. **連続線**の始点である原点を**クリック**すると、連続線は**自動的に終了**します。これは**閉じた形状**が作成されたことを意味します。

7. Command Manager［**スケッチ**］タブの［**円**］を選択します。
もしくは を押すと表示されるショートカットから［**円**］をクリックします。
ポインタの形が に変わります。

8. 円の**中心位置**と**半径**を指定します。
既存の円弧の中心点をクリックし、ポインタを外側に移動してもう一度マウスをクリックします。

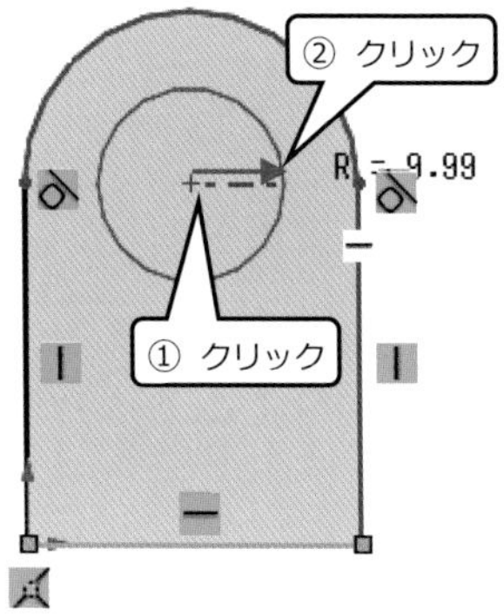
② クリック
R = 9.99
① クリック

9. 下図のように寸法を追加して**完全定義**させます。

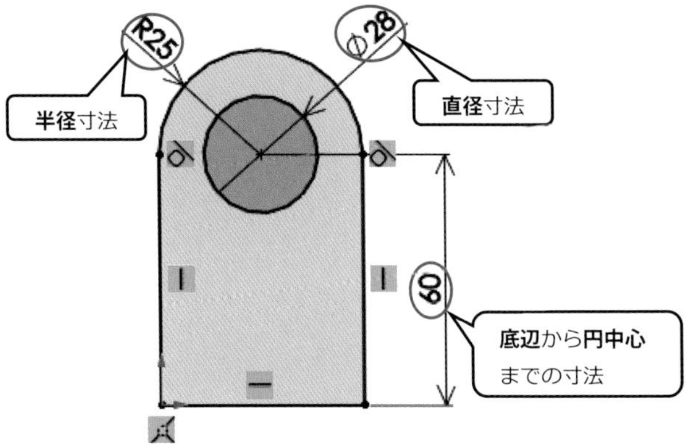
R25
⌀28
半径寸法
直径寸法
60
底辺から円中心
までの寸法

押し出しボス/ベース（1）

10. ［**押し出しボス/ベース**］にて**右方向**（**X＋方向**）に「**20**」と入力します。

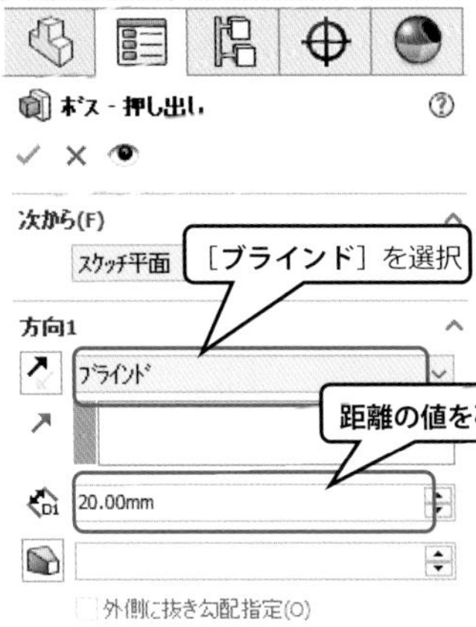
ボス - 押し出し
次から(F)
スケッチ平面
［ブラインド］を選択
方向1
ブラインド
距離の値を確認
20.00mm
外側に抜き勾配指定(O)

［**反対方向**］をクリックすると押し出す方向が反対になります。

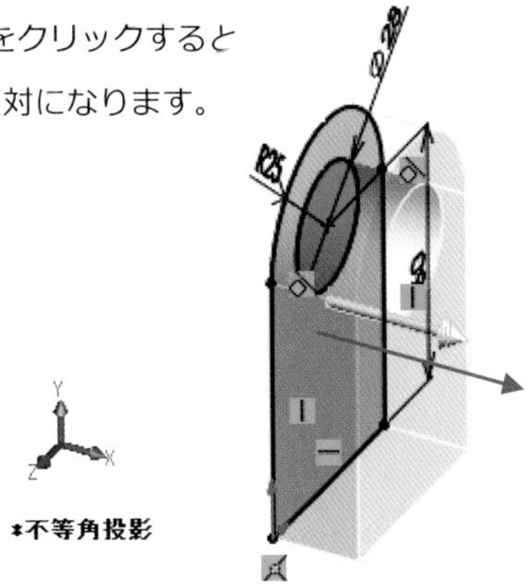
*不等角投影

11. Property Manager の［OK］ボタンをクリックします。
Feature Manager デザインツリーに［**ボス － 押し出し 1**］が作成されます。

12. Feature Manager デザインツリーから［**ボス – 押し出し 1**］の**フィーチャー名**を**変更**します。

［**ボス – 押し出し 1**］を**ゆっくりと 2 回クリック**するか、［**ボス – 押し出し 1**］を選択して

F2 を押します。**名前を変更可能**な状態になりますので、キーボードで「**ボス**」と入力します。

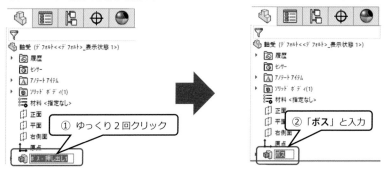

スケッチの作成（**2**）

13. 下図の面を選択し、コンテキストツールバーから ⌐ ［**スケッチ**］を選択します。

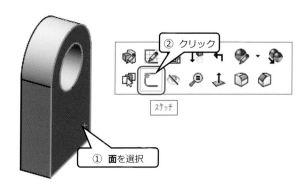

14. ▢ ［**矩形コーナー**］を使用して**四角形**を作成します。

矩形の**高さ寸法**「**20**」を追加して**完全定義**します。

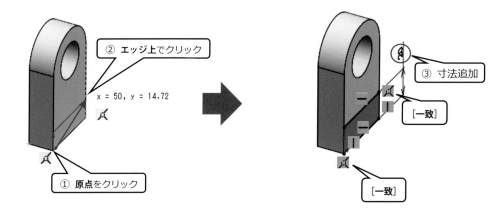

押し出しボス/ベース（2）

15. 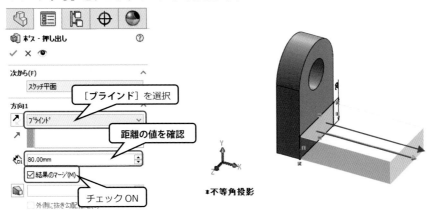 ［**押し出しボス/ベース**］にて**右方向（X＋方向）**にし「**80**」と入力します。

    「**マージする**」を**チェック ON** にしておきます。

16. Property Manager の ✔ ［OK］ボタンをクリックします。

    Feature Manager デザインツリーに［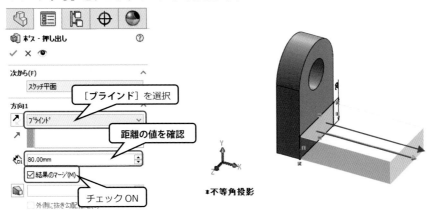 **ボス − 押し出し 2**］が作成されます。

17. Feature Manager デザインツリーから［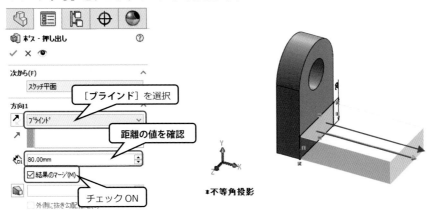 **ボス − 押し出し 2**］の**フィーチャー名**を「**ボス 2**」に**変更**します。「**マージする**」の**チェック ON** にすると、押し出したソリッドがベースフィーチャー「**ボス**」に**吸収**され**1 つのソリッドボディ**となります。

5.2 押し出しカット

スケッチ平面に対してスケッチを垂直に押し出してソリッドをカットします。

オプションの設定により、押し出しの状態、厚み、勾配付けなどさまざまな方法でソリッドをカットすることができます。

スケッチの作成

1. 下図の面を選択し、⌐［**スケッチ**］を選択します。

2. ⊙［**円**］を使用してソリッドボディの円エッジ（穴）に対する**同心円**を作成します。

   ポインタを円エッジ上に移動すると**中心点マーク** ⊕ が表示されるので、それを中心点として選択します。**直径寸法**「**36**」を追加して**完全定義**します。

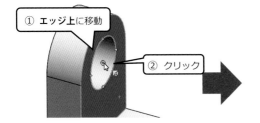

3. Command Manager［**フィーチャー**］タブをクリックし、 ［**押し出しカット**］をクリックします。
　　下図の方向にし、「**5**」と入力してソリッドボディをカットします。

　　　［ブラインド］を選択

　　　距離の値を確認

　　　‡不等角投影

　　💡 ↗［**反対方向**］をクリックすると押し出しカットする方向
　　が反対になります。

4. Property Manager の ✔［OK］ボタンをクリックします。
　　Feature Manager デザインツリーに［ **カット － 押し出し 1**］が作成されます。

5. Feature Manager デザインツリーのフィーチャー名を「**D36 カット**」に変更します。

押し出しの状態

［ **押し出しボス/ベース**］ および ［ **押し出しカット**］ の**押し出しの状態の種類**を下記に示します。

押し出しの状態	説　　明
ブラインド	スケッチ平面からフィーチャーを指定距離だけ押し出します。
全貫通	既存するすべての形状を貫通するまでフィーチャーを押し出します。
全貫通－両方	スケッチ平面からフィーチャーを、第 1 方向と第 2 方向のすべての既存する形状を貫通して押し出します。
次サーフェスまで	押し出す方向にある最初のサーフェス（面）まで押し出します。 サーフェスがない場合には選択できません。
頂点指定	指定した頂点までフィーチャーを押し出します。 頂点はソリッドボディの頂点、スケッチエンティティの端点や中心点などを指定することができます。
端サーフェス指定	指定した面までフィーチャーを押し出します。
オフセット開始 サーフェス指定	指定した面から任意の距離分オフセットした面まで押し出します。
中間平面	フィーチャーをスケッチ平面から両側に等しく押し出します。

5.3　穴ウィザード

穴ウィザードは、ソリッドに特殊な穴（タッピングマシンを使用して開ける穴）を作成します。
ドリル穴、座ぐり穴、ネジ穴、テーパー穴などを簡単に作成することができます。

1. Command Manager もしくはショートカットバーから　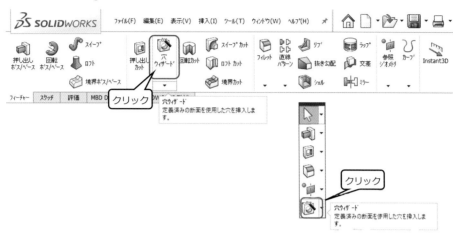　［**穴ウィザード**］を選択します。

2. 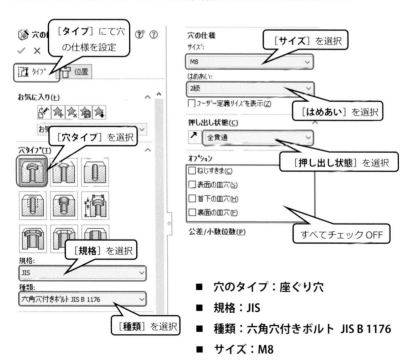　が選択されています。**穴の仕様**を下記のように設定します。

- ■　穴のタイプ：座ぐり穴
- ■　規格：JIS
- ■　種類：六角穴付きボルト　JIS B 1176
- ■　サイズ：M8
- ■　はめあい（等級）：2 級
- ■　押し出し状態：全貫通

3. 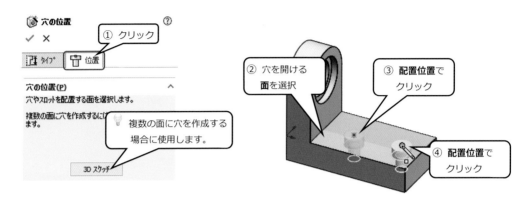 をクリックして穴を開ける面の選択と、穴のおおよその位置を指示します。

    下図の**穴を開ける面**を**クリック**し、**ポインタを面上に移動**すると**穴**が**プレビュー**されます。

    穴を開ける 2 箇所をクリックし、穴の配置が決まったら、 **ESC** で終了します。

    穴を配置した位置には**点が作成**され、選択中は**水色の**●で表示されます。

4. 穴の配置位置（**点**）に**幾何拘束**を追加します。

    CTRL を押しながら 2 つの穴の**配置点をクリック**し、コンテキストツールバーから ─ [**水平**] を選択します。または Property Manager の [**拘束関係追加**] から ─ [**水平**] を選択します。

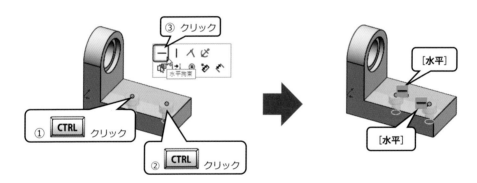

5. **CTRL** を押しながら **8 ψ** を押して選択平面を正面に向けます。

    下図の 3 箇所に**穴の位置寸法**を追加し、スケッチを**完全定義**させます。

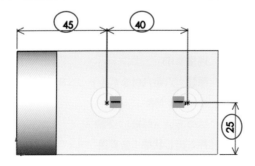

6. Property Manager の ✔ ［OK］ボタンをクリックして操作を終了します。

Feature Manager デザインツリーに ［◉ **M8 穴付きねじ用座ぐり穴 1**］が作成されます。

 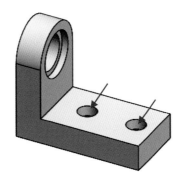

穴のタイプ

穴ウィザードで作成できる穴のタイプには次のようなものがあります。

アイコン	穴のタイプ	説　明
	座ぐり穴	座ぐり穴を作成します。多くの JIS 規格をカバーしています。
	皿穴	皿ねじ用の穴を作成します。
	穴	ねじすきま（ボルト用の穴）、ドリル穴、タップ下穴、ダウエル穴（ダウエルピン用の穴）を作成します。
	ねじ穴ストレート	タップ穴、管用平行ねじ穴、仕上げねじ穴を作成します。
	ねじ穴テーパー	管用テーパーねじ穴を作成します。
	従来型の穴	SOLIDWORKS 2000 リリース以前に作成された穴です。指定した穴の種類に対応した径や深さなどのパラメータを任意に変更できます。
	座ぐり穴スロット	座ぐり穴の長穴を作成します。
	皿穴スロット	皿穴の長穴を作成します。
	スロット	長穴を作成します。

5.4 フィレット

「フィレット」は、**フィレット**（材料を追加）と**ラウンド**（材料を取り除く）の総称です。

どちらが作成されるかは、ジオメトリの条件によって決まります。

フィレットは選択したエッジ、または面に作成されます。

1. Command Manager もしくは ショートカットバーから ▤ [**フィレット**] を選択します。

2. Property Manager で ▭ マニュアル を選択し、[**固定サイズ**] で**半径に**「**8**」と入力します。

   フィレット処理をするアイテムとして、**下図の 3 つのエッジをクリック**します。

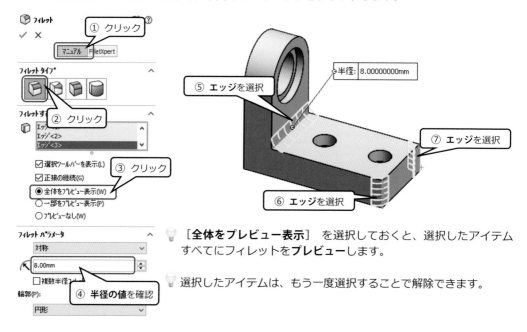

   💡 [**全体をプレビュー表示**] を選択しておくと、選択したアイテムすべてにフィレットを**プレビュー**します。

   💡 選択したアイテムは、もう一度選択することで解除できます。

3. Property Manager の ✔ [OK] ボタンをクリックして操作を終了します。

   Feature Manager デザインツリーに [▤ **フィレット 1**] が作成されます。

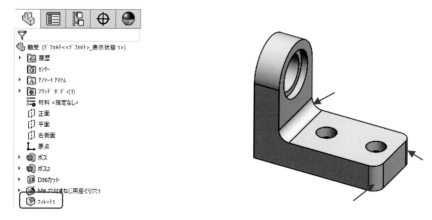

4. を押すと、直前に使用したコマンド 🗇 [**フィレット**] が選択されます。

5. 半径の値に「**2**」と入力し、フィレット処理をするエッジをクリックします。

「**正接の継続**」を**チェック ON** にすると、そのエッジの**正接線すべてにフィレット**がかかります。

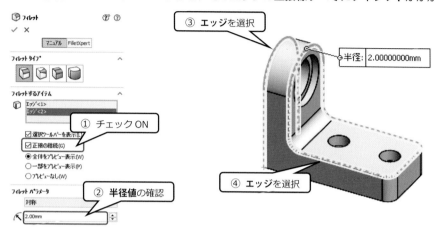

6. Property Manager の ✔ [OK] ボタンをクリックして操作を終了します。

Feature Manager デザインツリーに [🗇 **フィレット 2**] が作成されます。

7. 同様の方法で下図の箇所にもフィレットを作成します。**半径**は「**1**」とします。

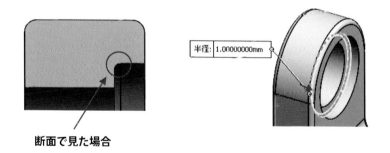

断面で見た場合

Point　フィレットのタイプ

フィレットのタイプ	説　明
固定サイズ	選択したエッジ、面のすべてに一律同じ値のフィレットを作成します。
可変サイズ	指定した箇所それぞれに任意の値のフィレットを作成できます。 それは指定した区間の中で、なめらかに変化していきます。
面フィレット	隣接しない面（交線となるエッジが存在しない）にフィレットを作成します。
フルラウンドフィレット	選択した 3 つの面に正接するフィレットを作成します。

5.5　面取り

面取りは、**モデルのエッジに斜面を作成**するものです。モデルのエッジ、面、頂点のいずれかを選択対象とし、［角度・距離］［距離・距離］［頂点］など、複数のパターンから面取りのタイプを選べます。

1. Command Manager もしくは ショートカットバー から ［**面取り**］を選択します。

2. ［**角度・距離**］を選択し、面取りの距離に「**1**」、角度に「**45**」と入力します。
   面取り処理をする要素として下図の**円形エッジ**と**円筒面**をクリックします。

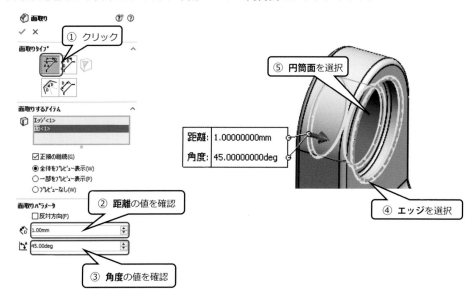

3. Property Manager の ✔ ［OK］ボタンをクリックして操作を終了します。
   Feature Manager デザインツリーに［⬦ **面取り 1**］が作成されます。

4. 💾 ［**保存**］をし、部品ファイルを閉じます。

Point　　**面取りのタイプ**

面取りのタイプ	説　明
角度・距離	1 方向の距離と角度を指定します。
距離・距離	2 方向それぞれに距離を指定します。
頂点	選択した頂点を構成する 3 つの直線それぞれに距離を指定します。

第6章　部品図面の作成

SOLIDWORKS では、部品やアセンブリといった 3D モデルから簡単に図面を作成することができます。その図面は参照する部品やアセンブリにリンクしているので、モデルの形状などを変更すると図面も自動的に更新されます。

この章では、図面作成をするための基本操作について学び、下記の操作を習得します。

- 部品から図面作成
- 投影図の配置
- 正接エッジの削除
- 図面の表示スタイルを変更
- 断面図の作成
- 部分詳細図の作成
- 中心線の追加
- 寸法の挿入（モデルアイテム）
- 従動寸法の追加
- モデルと図面の相関関係
- その他の寸法操作
- 図面データの DXF 出力

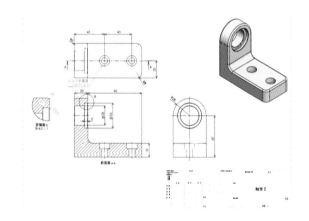

1. メニューバーの［ファイル］-［開く］を選択するか、ツールバーの 🖻［開く］を選択します。

2. 「開く」ダイアログが表示されます。

   ダウンロードフォルダー「🗀 第 6 章 部品図面の作成」にある部品ファイル「🗀 軸受 II」を開きます。

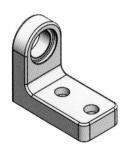

6.1　部品から図面作成

開いている部品から図面ファイルを作成します。

1. メニューバーの［**ファイル**］から  ［**部品から図面作成**］を選択します。

   もしくは**ツールバー**から  ［**部品/アセンブリから図面作成**］を選択します。

2. 「**シートフォーマット/シートサイズ**」ダイアログが表示されます。

   ダイアログのリストから選択するか、 参照...(B) をクリックします。

   本書で使用するシートフォーマットを選択します。

   参照...(B) をクリックし、ダウンロードフォルダー「 📁 **第6章 部品図面の作成**」－「 📁 **テンプレート**」にある「**A3_JIS テンプレート**」を選択し、 開く(O) をクリックします。

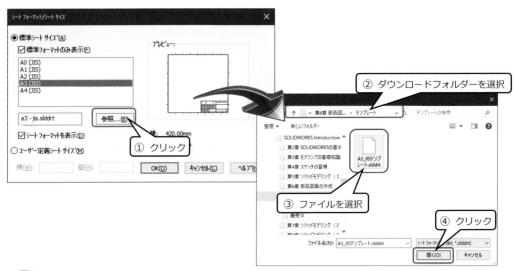

 　シートフォーマット

シートフォーマットは、図面枠や表題欄を用紙サイズごとに設定したもので、会社や部署の仕様に合わせて作成しておくと良いでしょう。

3. **プレビュー**を確認し、 OK(O) をクリックします。

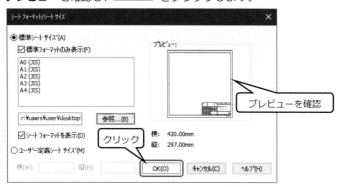

プレビューを確認

クリック

4. 画面には **A3 サイズ**の図面枠が表示されており、**画面右側**の**タスクパネル**に部品の各ビューからのモデル ル［**パレット表示**］ が表示されています。

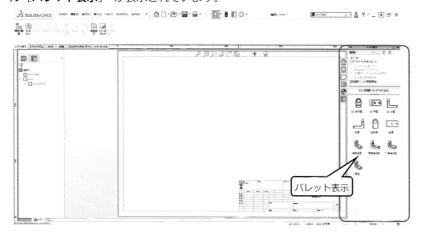

パレット表示

> ［**パレット表示**］が表示されていない場合は、メニューバー［**表示**］–［**タスクパネル**］を 選択します。

> **画面**の**拡大縮小** および **移動**の操作方法は部品作成ビューと同じです。

5. 図面の**投影方法（投影図タイプ）**を設定します。

　図面シート上で右クリックし、ショートカットメニューから 🖼️［**プロパティ**］を選択します。

　「**シートプロパティ**」ダイアログが表示されるので、**投影図タイプ**の［**第3角法**］を選択し、 变更を適用
をクリックします。

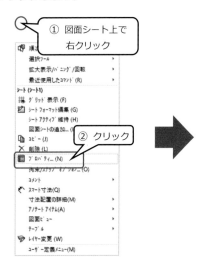

 図面テンプレートファイル

設計規格、文字のフォントや大きさ、寸法の入れ方、単位、線の大きさや種類などの設定はメニューバーの［**ツール**］－［**オプション**］－［**ドキュメントプロパティ**］タブにて編集することができます。これらを設定したドキュメントは、図面テンプレートファイルとして保存しておくことができます。

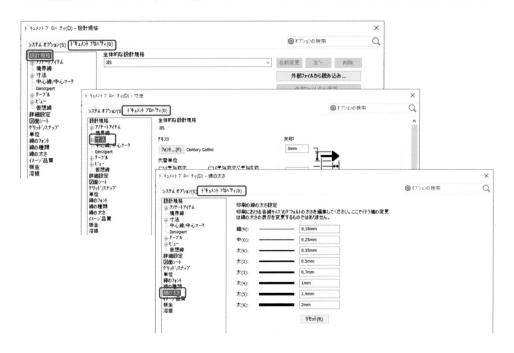

6.2　投影図の配置

用紙に三面図と等角投影図を配置します。

1. **パレット表示**にある［**正面**］を図面に配置します。

   パレット表示の［**正面**］を**ドラッグ**し、**用紙の中にドロップ**します。

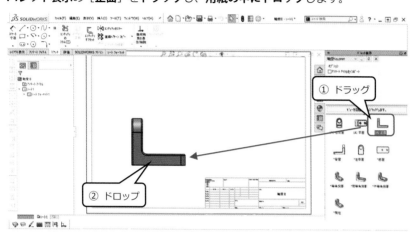

2. ［平面図］、［右側面図］、［等角投影図］は、配置した正面図からポインタを移動させると表示されます。

   ［**平面図**］は**上方向**、［**右側面図**］は**右方向**、［**等角投影図**］は**斜め方向**になります。

   適切な位置でマウスをクリックし、下図のようにビューを配置します。

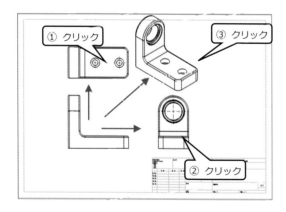

3. ✔ ［OK］ボタンをクリックしてビューの配置を終了します。

4. 配置した**投影図**を**ドラッグ＆ドロップ**することで**移動**することができます。

　　投影図の境界線上（破線）にポインタを移動させると ✛ マークが表示されます。

　　このマークが表示されているときにドラッグすると投影図を移動させることができます。

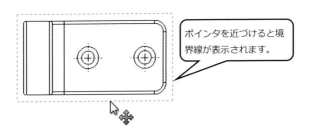

ポインタを近づけると境界線が表示されます。

　　平面図と右側面図は**主投影図**（正面図）に**連動**して移動し、等角投影図は単独で移動します。

　　下図のように用紙内に収まるように移動します。

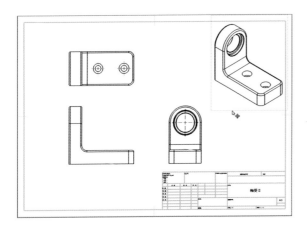

6.3　正接エッジの削除

製図では通常作図することがない正接エッジを削除します。

1. 図面シート上に配置した「**正面図**」を選択し、**右クリックメニュー**から［**正接エッジ**］-［**正接エッジ削除**］を選択します。**正接エッジ**が**すべて削除**されます。（非表示状態）

2. 平面図と右側面図も同様の方法で正接エッジを削除します。

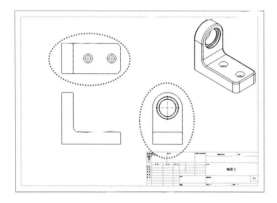

6.4　図面の表示スタイルを変更

三面図に隠線（破線）を表示させ、等角投影図をエッジシェイディング表示に変更します。

1.　主投影図である**正面図**をクリックして選択します。

Property Manager の「**表示スタイル**」の 　[**隠線表示**]を選択します。

すべての投影図に隠線が表示されます。

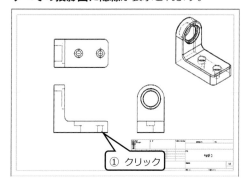

2.　**等角投影図** をクリックして選択します。

Property Manager の「**表示スタイル**」の 　[**エッジシェイディング**]を選択します。

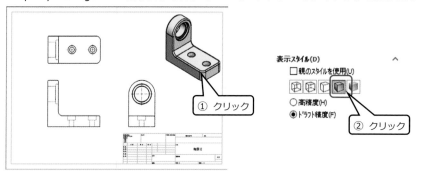

3.　　[OK]ボタンをクリックして操作を終了します。

6.5　断面図の作成

正面図を削除して、代わりに**全断面図**を配置します。

1. 配置した**正面図**を選択し、 DEL を押します。

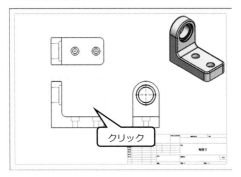

クリック

2. 「**削除確認**」ダイアログが表示されるので、 はい(Y) をクリックします。

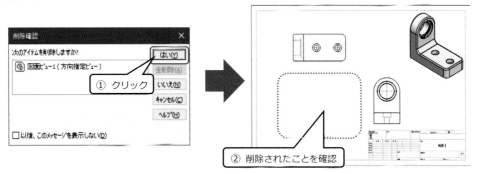

削除確認

次のアイテムを削除しますか？

図面ビュー1（方向指定ビュー）

① クリック

□ 以後、このメッセージを表示しない(D)

はい(Y)
全削除(A)
いいえ(N)
キャンセル(C)
ヘルプ(H)

② 削除されたことを確認

3. Command Manager［**レイアウト表示**］タブのツールバーから ⤵ ［**断面図**］を選択します。

クリック

断面図
親ビューを断面線でカットして断面図、整列断面図、半断面図を作成します。

4. 断面線の位置を指示します。

Property Manager の「**カット線**」から 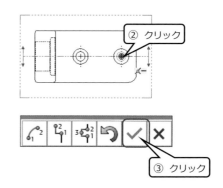 [**水平**] を選択し、**平面図の座ぐり穴の中心位置**をクリックします。この位置に**断面矢印**が作成されます。

表示されるツールバーの ✔ [OK] ボタンをクリックします。

5. 正面図があった位置にポインタを移動し、クリックして**断面図 A－A** を**配置**します。

この時点では右側面図と上下方向の位置を整列させることができません。

右側面図を上下にドラッグして整列していないことを確認します。

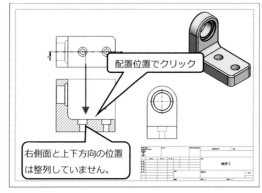

配置位置でクリック

右側面と上下方向の位置
は整列していません。

6. ✔ [OK] ボタンをクリックして操作を終了します。

7. ［ビューの整列］を使用して**右側面**を**断面図 AーA** に対して**整列**させます。

　　右側面図を**右クリック**し、メニューから［**中心を基準に横に整列**］を選択します。

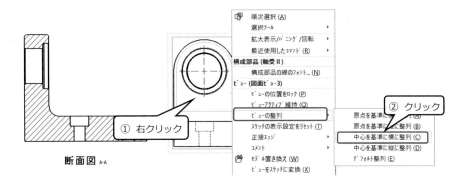

8. **断面図 AーA** をクリックすると、**右側面図の上下方向の位置**が**断面図 AーA と一致**します。

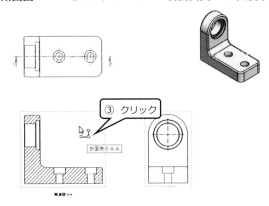

9. 右側面図を上下にドラッグして整列したことを確認してみましょう。

6.6　部分詳細図の作成

範囲と**尺度**を指定して**部分詳細図**を作成します。

1. Command Manager ［**レイアウト表示**］タブのツールバーから Ⓐ ［**詳細図**］を選択します。

2. 範囲を円で指定します。部分詳細図の中心となる位置をクリックし、ポインタを外側に移動して適当な
位置でクリックします。

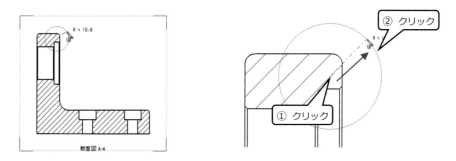

💡 任意の形状をスケッチで作成し、それを詳細図の範囲に指定することもできます。

3. Property Manager の「**スケール**」にて**尺度リスト**から［**2:1**］を選択します。
部分詳細図を**配置する位置**でマウスを**クリック**します。

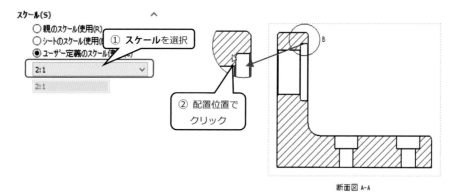

4. ✔ ［OK］ボタンをクリックして操作を終了します。
配置した詳細図はドラッグして移動することができます。

6.7　中心線の追加

断面図と右側面図の**穴に中心線**を追加します。

1. Command Manager［**アノテートアイテム**］タブから ⊞ ［**中心線**］を選択します。

2. 下図の**2つの直線**をクリックすると**中心線**が追加されます。

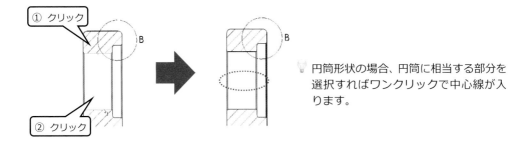

💡 円筒形状の場合、円筒に相当する部分を
選択すればワンクリックで中心線が入
ります。

3. 中心線の長さは、選択すると表示される**端点**の ■ を**ドラッグ**して**伸縮**させることができます。

ドラッグして
長さを調整

4. 座ぐり穴にも同様の方法で中心線を追加し、図面各所の中心線の長さを調整します。

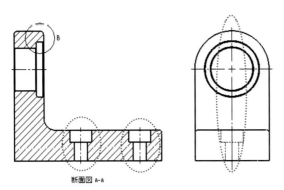

断面図 A-A

6.8　寸法の挿入（モデルアイテム）

部品モデルのスケッチ寸法やフィーチャーの押し出し距離などを、**図面**に**駆動寸法**として**挿入**します。

1. Command Manager［**アノテートアイテム**］タブから ✧ ［**モデルアイテム**］を選択します。

2. Property Manager「**データ源/指定先**」－「**ソース（データ源）**」は、［**モデル全体**］を選択します。

   「**寸法**」の 🔲 ［**図面に指定**］、🔼 ［**穴ウィザードの位置**］、◻ ［**穴寸法テキスト**］を ON にします。

   ✔ ［OK］ボタンをクリックすると、図面に寸法が**自動作成**されます。

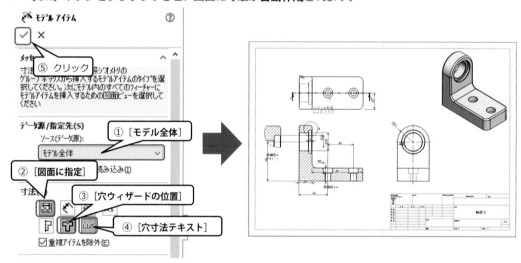

3. **寸法線**、**引出線**、**文字**はドラッグすることで**移動**することができます。見やすい位置へ移動します。

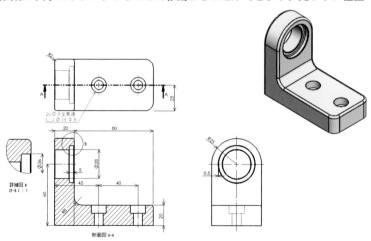

寸法線の移動・コピー

寸法を他の投影図に移動、複写することができます。

1. 移動する場合は SHIFT 、コピーする場合は CTRL を押しながら**寸法**を**ドラッグ**し、**移動先のビュー**で ＜ マークが表示されたときに**ドロップ**します。

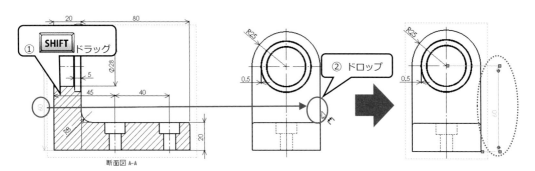

2. 同様の方法で寸法を移動します。

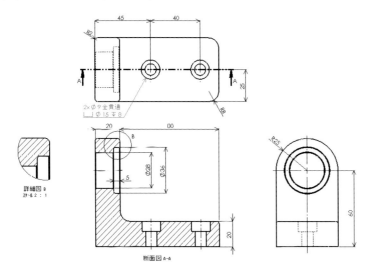

3. 寸法を選択すると、**寸法補助線**の**先端**に ■ が表示されます。

   これを**ドラッグ**することにより**寸法補助線の長さを調整**することができます。

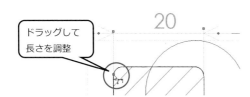

6.9 従動寸法の追加

モデルには、必ずしも図面で必要なすべての寸法が含まれているわけではありません。

このような場合は寸法を手動で挿入します。手動で追加した寸法は従動寸法といわれ、駆動寸法と違い寸法変更しても部品モデルを変更することができません。

1. Command Manager［**スケッチ**］タブから ◇ ［**スマート寸法**］を選択します。

2. 断面図 A－A と詳細図 B の下図の**円弧**に**半径寸法**を追加します。

   円弧をクリックし、寸法の配置位置でクリックします。

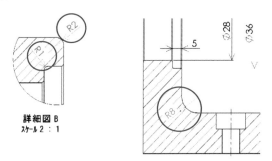

3. 面取り寸法を **C 表記**（**JIS**）で追加します。

   Command Manager［**スケッチ**］タブから ⌐ ［**面取り寸法**］を選択します。

4. 詳細図 B に寸法を追加します。

   面取りエッジ、**参照エッジ**の順でクリックすると寸法が表示されます。**配置する位置**で**クリック**します。

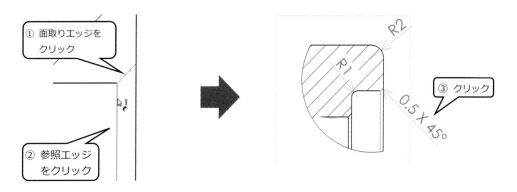

はじめての 3D CAD
SOLIDWORKS 入門

5. **寸法表記を変更**します。

Property Manager の「**寸法テキスト**」から 〔C1〕 をクリックすると、表示が **C 表記**に変わります。

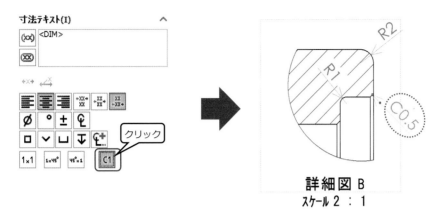

詳細図 B
スケール 2 ： 1

6. Property Manager の ✔〔OK〕ボタンをクリックして操作を終了します。

💡 寸法の小数桁数や**小数点以下の**ゼロの表示は
システムオプションの〔**ドキュメントプロパティ**〕
の〔**寸法**〕の〔**ゼロ**〕の〔**小数点の後のゼロ表示**〕
にて設定します。
〔**削除**〕を選択すると小数点の後のゼロは表示しま
せん。

7. メニューバーから〔**ファイル**〕–〔**すべて保存**〕を選択します。

関連する部品ファイルと図面ファイルを閉じて操作を終了します。

6.10 モデルと図面の相関関係

モデルと図面はリンクしているので、変更を加えれば相対するデータにも変更は反映されます。

SOLIDWORKS ではすべてのデータ（部品、アセンブリ、図面）で相関関係が成り立ちます。

それぞれの寸法値を変更して**相関関係**を確認します。

1. ダウンロードフォルダー「🗀 **第 6 章 部品図面の作成**」にある**部品ファイル**「🗇 **軸受Ⅲ**」と**図面ファイル**「🗇 **軸受Ⅲ**」を開きます。

2. `CTRL` を押しながら `TAB` を押すと、部品ドキュメントウィンドウと図面ドキュメントウィンドウを切り替えることができます。**部品ドキュメントウィンドウ**を表示します。

3. 下図の穴の**円筒面**を**ダブルクリック**して寸法を表示させます。

   穴の**直径寸法**を**ダブルクリック**して「**修正**」ダイアログを表示させ、「**25**」と入力します。

   🔘 [**再構築**]、✔ [OK] をクリックして穴の大きさが変わったことを確認します。

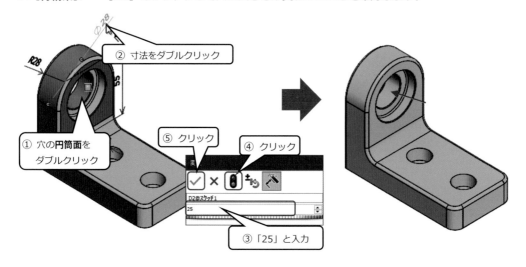

② 寸法をダブルクリック

① 穴の**円筒面**を
ダブルクリック

⑤ クリック

④ クリック

③「25」と入力

はじめての 3D CAD
SOLIDWORKS 入門

4. <kbd>CTRL</kbd> を押しながら <kbd>TAB</kbd> を押して**図面ドキュメントウィンドウ**に切り替えます。

   各投影図の変更が自動的に行われたことを確認します。

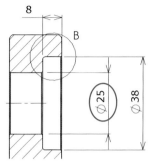

5. 図面に記入されている寸法の値を変更します。

   下図の寸法をダブルクリックして「**修正**」ダイアログを表示させ、「**80**」と入力します。

   🔋 [**再構築**]、✔ [OK] をクリックして距離寸法が変わったことを確認します。

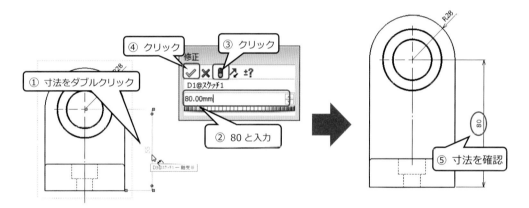

6. <kbd>CTRL</kbd> を押しながら <kbd>TAB</kbd> を押して**部品ドキュメントウィンドウ**に切り替えます。

   部品モデルでも寸法変更が行われたことを確認します。

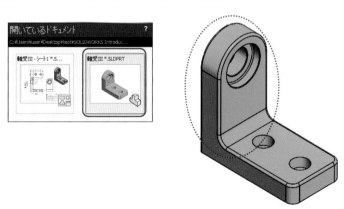

7. メニューバーから [**ファイル**] – 🖬 [**すべて保存**] を選択します。

6.11 その他の寸法操作

寸法線の表示操作や表示方法の変更などの操作を学びます。

寸法の非表示

寸法を**非表示**にすることができます。

1. 表示させたくない**寸法**を**選択**し、**右クリックメニュー**から［**非表示**］を選択します。

2. 再度表示させる場合は、メニューバー［**表示**］－［**非表示/表示**］－［**アノテートアイテム**］を選択します。

3. 非表示にした寸法が**灰色**で表示され、ポインタに マークが表示されます。
    その状態で寸法を選択すると表示されます。
    ポインタのマークを解除するには再度、［**アノテートアイテムの表示/非表示**］を選択します。

寸法線の非表示

寸法線を**非表示**にすることができます。

1. 非表示にしたい側の寸法線を**右クリック**し、メニューから［**寸法線を非表示**］を選択します。

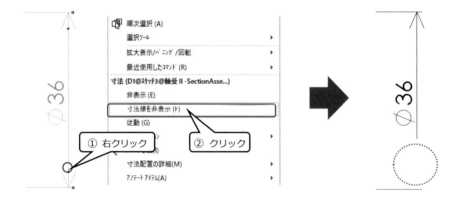

2. 再度表示させる場合には、**寸法線**を**右クリック**し、メニューから［**寸法線を表示**］を選択します。

寸法補助線の非表示

寸法補助線を**非表示**にすることができます。

1. 表示させたくない**寸法補助線**を**右クリック**し、メニューから［**補助線を非表示**］を選択します。

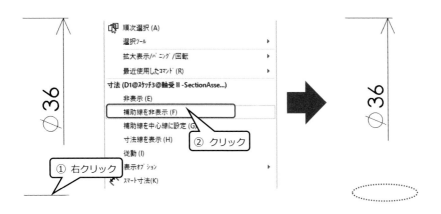

2. 再度表示させる場合には、**寸法線**を**右クリック**し、メニューから［**補助線を表示**］を選択します。

寸法矢印の向き

寸法線や引出線の**矢印**の**向き**を反転させることができます。

1. 矢印の位置を変更する**寸法線**を**クリック**します。

2. 寸法線の矢印に**青い丸**が表示されます。

   その**青い丸**を**クリック**することで矢印の向きを反転させることができます。

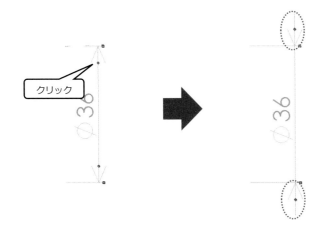

寸法矢印の種類を変更

寸法線や引出線の**矢印**の**種類**を変更することができます。

1. 矢印の種類を変更したい**寸法線**を**クリック**します。

2. 寸法線にいくつかの**青い丸**が表示されます。

   その**青い丸**を**右クリック**すると寸法の種類が**リスト表示**されるので、その中から変更後の矢印を選択します。

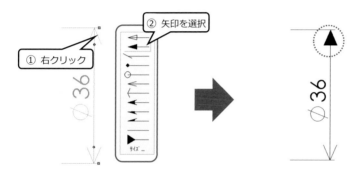

寸法の削除

不要な寸法を図面から削除します。

必要のない**寸法**は、**選択**して　DEL　を押すことで削除することができます。

6.12 図面データの DXF 出力

図面データを DXF 形式で出力する方法を学びます。

DXF ファイルは、オートデスク社の **AutoCAD** で異なるバージョン間のデータ互換を目的として策定された
ファイルで、内部の仕様が公開されているため**中間データ**として広く用いられています。

現在では多くの CAD システムでインポートおよびエクスポートが可能です。

次の手順に従って操作しましょう。

1. メニューバーから［**ファイル**］ - 🖫 ［**指定保存**］を選択します。

2. 「**指定保存**」ダイアログが表示されます。

    ファイルの種類のリストから［**Dxf（*.dxf）**］を選択し、 オプション... をクリックします。

① ［**Dxf（*.dxf）**を選択

② クリック

3. 「**エクスポートオプション**」ダイアログが表示されます。

    DXF の**バージョン**などの**出力条件**を設定し、 OK をクリックします。

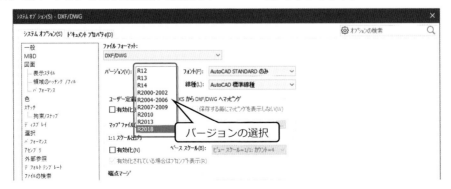

バージョンの選択

4. 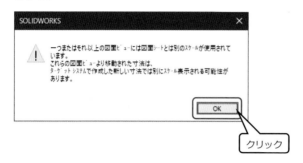 をクリックして出力を開始します。

　複数のスケールを使用している場合、下図のようなウィンドウが表示されるので □OK□ をクリック
します。

下図は出力した DXF ファイルを **AutoCAD** で開いた画面です。

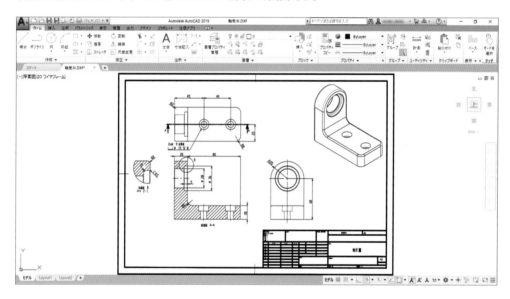

はじめての 3D CAD
SOLIDWORKS入門

第7章　ソリッドモデリング（2）

この章では、回転フィーチャー、薄板フィーチャー、フィーチャーのコピーなどについて学びます。

- 回転フィーチャーの使用
- 薄板フィーチャー（回転ボス／ベース）
- 抜き勾配
- 円形パターンコピー
- 材料の定義
- 質量特性

新規部品ドキュメントの作成

1. メニューバーの［**ファイル**］–［**新規**］を選択するか、**ツールバー**の ⬜[**新規**] を選択します。

2. 「**新規 SOLIDWORKS ドキュメント**」ダイアログが表示されるので、 を選択して ⬜ OK ⬜ を
   クリックします。

3. メニューバーの［**ファイル**］–［**保存**］を選択するか、**ツールバー**の 🖫[**保存**] を選択します。

4. 「**指定保存**」ダイアログが表示されます。
   保存先フォルダーの選択、ファイル名に「**ホイール**」と入力をし、⬜ 保存(S) ⬜ をクリックします。

7.1　回転フィーチャーの使用

回転ボス/ベースは、軸を中心としてジオメトリを回転させることによって作成します。

回転フィーチャーのスケッチには、**対称形のジオメトリ**と**軸となる直線**が必要です。

軸として中心線、直線、直線エッジ、軸あるいは一時的な軸を指定することができます。

1. ［⬚ **正面**］に下図のスケッチを ⟋ ［**直線**］を使用して作成します。

   軸となる直線は**中心線（作図ジオメトリ）**で作成しておきます。

   ② ［作図ジオメトリ］を選択

   ① **軸**とする直線を選択

   中心線は一点鎖線で表示

   ⚠ **輪郭**と**軸**が**交差**している場合、回転フィーチャーを作成することができません。

2. ◇ ［**スマート寸法**］を選択します。

   中心線（作図ジオメトリ）と下図の**水平線**を選択し、ポインタを**中心線側に近づけると直径寸法が表示**
   されます。その状態で適当な位置をクリックして寸法を配置します。

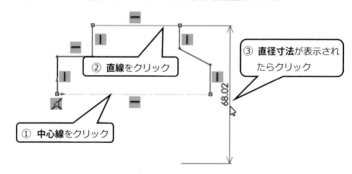

   ② 直線をクリック

   ③ **直径寸法**が表示されたらクリック

   ① 中心線をクリック

3. 下図のように寸法を追加して**完全定義**させます。

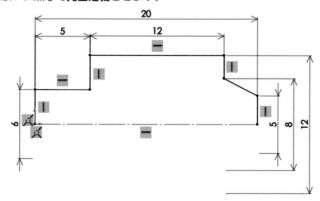

4. Command Manager［**フィーチャー**］タブから  ［**回転ボス/ベース**］を選択します。

5. **スケッチが閉じられていない**というメッセージダイアログが表示されます。

ここでいうスケッチとは実線で描かれた線のことです。そのためスケッチは閉じていないと認識されます。今回は**閉じたスケッチ**にしますので ［はい(Y)］ をクリックします。

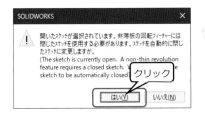

［いいえ(N)］ を選択すると

「**薄板フィーチャー**」を作成します。

6. Property Manager にてパラメータを設定します。

回転軸に**作図ジオメトリ**が**自動的**に**選択**されていることを確認します。

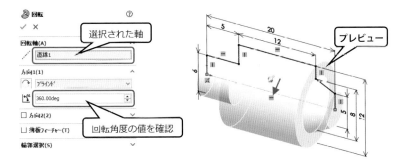

7. ✔ ［OK］ボタンをクリックして操作を終了します。

Feature Manager デザインツリーに［🝞 **回転 1**］が作成されます。

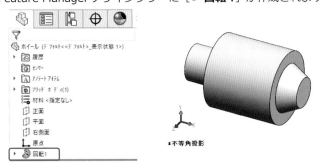

7.2 薄板フィーチャー（回転ボス/ベース）

スケッチの線に対して、指定した厚みで押出しすることが作成できます。

板厚は、スケッチの［内側］、［外側］、［両方に等しく］、［どちらかの側に等しくなく］に設定できます。

薄板は［ 🔄 **回転ボス/ベース**］と［ 🗍 **押し出しボス/ベース**］で使用できます。

1. ［ 🗐 **正面**］にスケッチを作成します。

   🖊 ［**直線**］を使用して**原点位置**に**水平**な**無限長**の**中心線**を作成します。

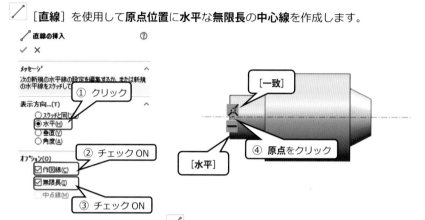

2. 下図のような**開いたスケッチ**を 🖊 ［**直線**］を使用して作成します。

   両側の角度の付いた直線に ⊥ ［**垂直**］の拘束が**自動追加**されるように作成します。

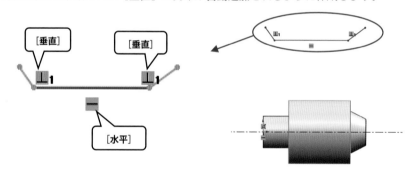

3. 両側の角度の付いた**直線を同じ長さ**にします。 CTRL を押しながら両側の直線をクリックして選択し、

   コンテキストツールバーから ▬ ［**等しい値**］の拘束を選択します。

   ✔ ［OK］ボタンをクリックして拘束が追加されたことを確認します。

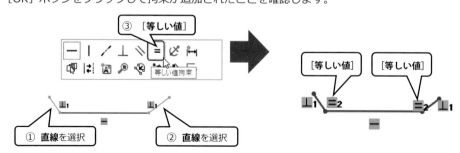

4. 左側の角度の付いた**直線**の**端点**と**原点**に □ [**鉛直**] の拘束を追加します。

   CTRL を押しながら左側の角度の付いた直線の**端点**と**原点**をクリックして選択し、コンテキストツールバーから □ [**鉛直**] の拘束を選択します。

   ✔ [OK] ボタンをクリックして拘束が追加されたことを確認します。

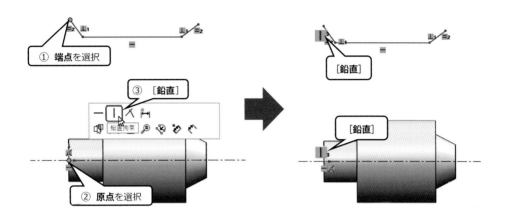

5. 下図の箇所に寸法を追加し、スケッチを**完全定義**させます。

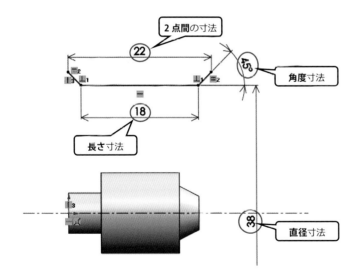

6. Command Manager ［**フィーチャー**］タブから 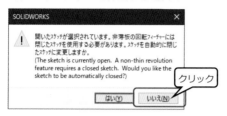 ［**回転ボス/ベース**］を選択します。

7. メッセージダイアログが表示されます。

薄板フィーチャーを作成する場合は ［いいえ(N)］ をクリックします。

8. Property Manager にてパラメータを設定します。

「**薄板フィーチャー**」では、**薄板の押し出しタイプ**、**押し出しの方向**、**板厚**を設定します。

下図のように設定します。

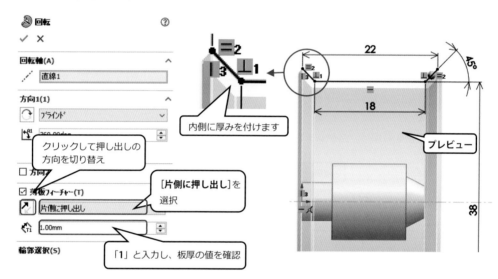

9. Property Manager の ✔ ［OK］ボタンをクリックして操作を終了します。

Feature Manager デザインツリーから ［ 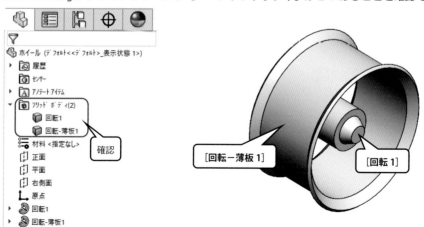 **ソリッドボディ**］が **2つ**あることを確認できます。

10.　［▣ **正面**］にスケッチを作成します。

　　　／［**直線**］を使用して**原点位置**に**水平な無限長の中心線**を作成します。

11.　下図のような**開いたスケッチ**を作成します。

　　　／［**直線**］を使用して**コの字の鉛直**と**水平**な**連続線**を作成し、コーナーに　◯［**スケッチフィレット**］

　　　を使用して**半径**「**3mm**」の**フィレット**を作成します。

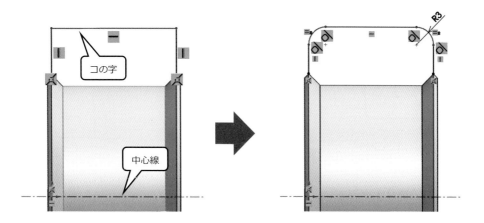

12.　下図の箇所に**直径寸法**「**55mm**」を追加し、スケッチを**完全定義**させます

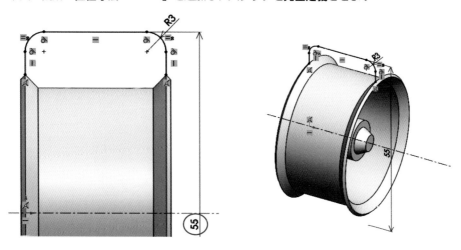

13.　Command Manager ［**フィーチャー**］タブから　🌀［**回転ボス/ベース**］を選択します。

14.　メッセージダイアログが表示されます。　いいえ(N)　をクリックします。

15. Property Manager にてパラメータを設定します。

選択した状態では外側が選ばれているので、 ⬈ ［**反対方向**］をクリックして**厚み付け**の方向を**外側**にします。

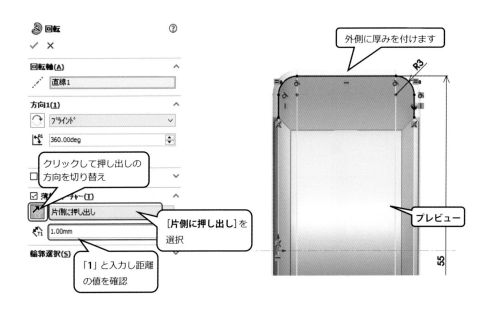

外側に厚みを付けます

クリックして押し出しの方向を切り替え

［片側に押し出し］を選択

「1」と入力し距離の値を確認

プレビュー

16. Property Manager の ✔ ［OK］ボタンをクリックして操作を終了します。

Feature Manager デザインツリーから［ 🗐 **ソリッドボディ**］が **3 つ**あることを確認できます。

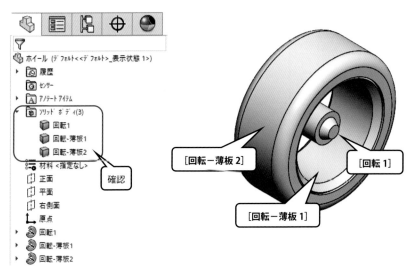

確認

［回転－薄板 2］

［回転 1］

［回転－薄板 1］

7.3　抜き勾配

［🗔 **押し出しボス/ベース**］または［🗔 **押し出しカット**］を作成する際に**抜き勾配**を指定できます。

以下の操作では、ホイールのスポーク部分を作成する際に［🗔 **押し出しボス/ベース**］で［🗔 **抜き勾配**］
を指定します。

1.　［🗔 **平面**］にスケッチを作成します。

　　✏️ ［**直線**］を使用して**原点位置**に**水平な無限長の中心線**を作成します。

2.　🖲️ ［**中心点ストレートスロット**］を使用して**長穴形状**を作成します。

　　［**寸法追加**］を**チェック ON** にし、［**全体長さ**］を選択します。

　　長穴の中心点、円弧の中心点、円弧の大きさの順番に指定します。

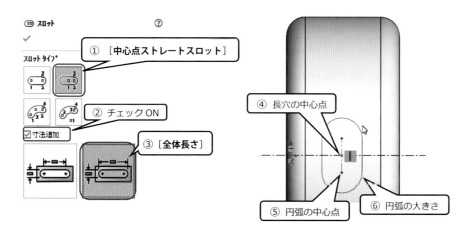

3.　寸法は自動作成されるので、これを下図の寸法値に修正します。

　　原点からの水平方向の位置寸法「**10**」を追加します。

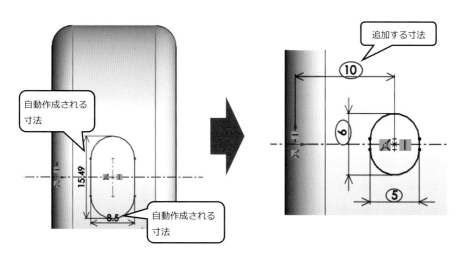

4. └✔［**スケッチ終了**］をクリックします。

　　Feature Manager デザインツリーに作成されるスケッチの名前を［└ **輪郭**］に変更します。

5. ［▣ **正面**］に ╱ ［**直線**］を使用し、角度寸法として「**23**」**傾斜の付いた直線**を作成します。
　　［▣ **押し出しボス/ベース**］は、この直線に沿って**斜めに押し出し**ます。

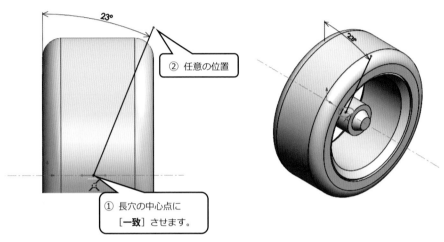

② 任意の位置

① 長穴の中心点に
　［**一致**］させます。

6. └✔［**スケッチ終了**］をクリックします。

　　Feature Manager デザインツリーに作成されるスケッチの名前を［└ **パス**］に変更します。

7. Feature Manager デザインツリーから［└ **輪郭**］を選択し、▣ ［**押し出しボス/ベース**］を選択しま
　　す。「**押し出しの状態**」は［**端サーフェス指定**］を選択し、**ホイール内側の円筒面**をクリックします。
　　選択した円筒面にぶつかるところまで押し出されることが**プレビュー**で確認できます。

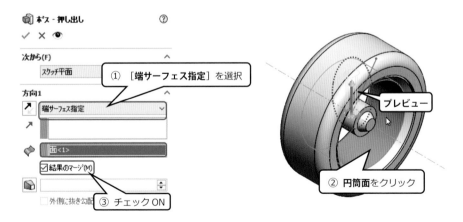

① ［端サーフェス指定］を選択

プレビュー

③ チェック ON

② 円筒面をクリック

　　「**結果のマージ**」は**チェック ON** に設定しておきます。

　　作成されるソリッドボディは、既存のホイール部の**ソリッドボディ**に**吸収**されます。

8. 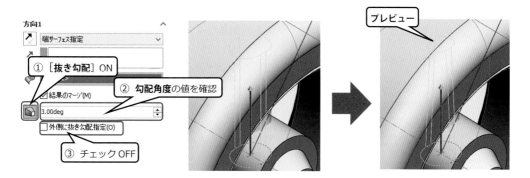 ［**抜き勾配**］を**オン**にし、**勾配角度**に「**3**」と入力します。

> 💡 「**外側に抜き勾配指定**」を**チェック ON** にすると、**勾配の向き**が**反転**します。

9. ［⌐ **パス**］に沿って斜めに押し出すための設定を行います。

   「↗ **押し出しの方向**」として「⌐ **パス**」を選択すると、斜めに押し出されていることが確認できます。

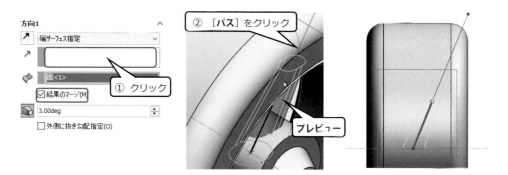

10. Property Manager の ✔ ［OK］ボタンをクリックして操作を終了します。

    Feature Manager デザインツリーに作成されるフィーチャーの名前を［🗐 **スポーク**］に変更します。

    Feature Manager デザインツリーから［🗐 **ソリッドボディ**］が**2つ**あることを確認できます。

11. スポークに**フィレット**を追加します。

    Command Manager もしくはショートカットバーから 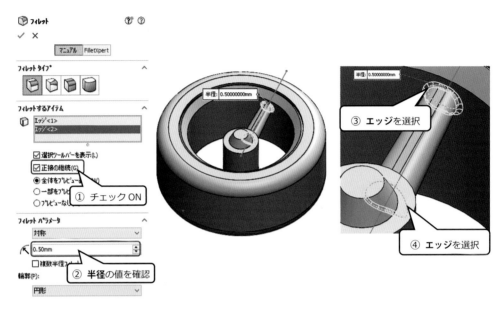 ［**フィレット**］を選択します。

    下図に示す 2 箇所のエッジに**半径**「**0.5**」と入力し［**固定サイズ**］フィレットをかけます。

    ① チェック ON

    ② 半径の値を確認

    ③ エッジを選択

    ④ エッジを選択

12. Property Manager の ✔ ［OK］ボタンをクリックして操作を終了します。

13. ［⊏ **パス**］スケッチを**非表示**にします。

    Feature Manager デザインツリーまたはグラフィックスから［⊏ **パス**］を選択し、

    コンテキストツールバーから ［**非表示**］を選択します。

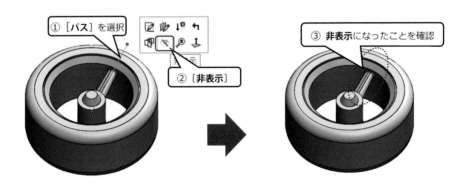

① ［パス］を選択

② ［非表示］

③ 非表示になったことを確認

💡 アイテムを［**非表示**］にすると、**コンテキストツールバー**のメニューは ［**表示**］に変更されます。

はじめての 3D CAD
SOLIDWORKS 入門

抜き勾配フィーチャー

抜き勾配フィーチャーは、選択したモデルの面に指定された角度でテーパーを付けます。
抜き勾配を追加するには、1 つの**ニュートラル平面**と 1 つ以上の**抜き勾配指定面**を選択する
必要があります。

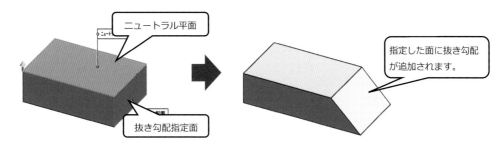

 抜き勾配分析

SOLIDWORKS には、設定された抜き勾配角度を元に、部品を型からはずすのに十分な抜き勾
配があるかどうかをチェックする「抜き勾配分析」というツールがあります。

Command Manager　［評価］タブから、　［**抜き勾配分析**］を選択します。

下図のように面を緑、黄、赤の三色で表示します。

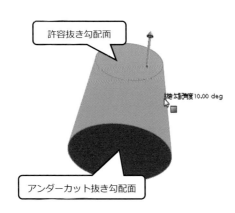

7.4　円形パターンコピー

円形パターンは、回転の中心、角度、コピー数を指定することで**フィーチャー**を**コピー**することができます。
オリジナルのフィーチャーに加えた変更は、コピーしたフィーチャーにも反映されます。

1. Command Manager［**フィーチャー**］タブから 🔧 ［**円形パターン**］を選択します。

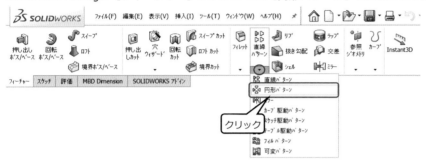

2. Property Manager にてパラメータを設定します。

   パターン化するフィーチャーは［🔩 **スポーク**］と［🔵 **フィレット 1**］を選択します。

   グラフィックス領域左上の**フライアウトを展開**する、または**グラフィックス**から選択します。

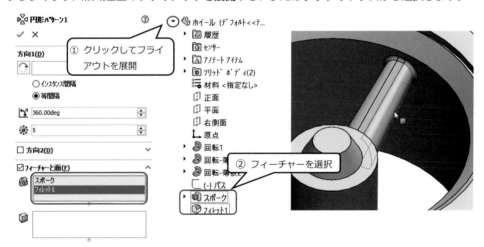

はじめての 3D CAD
SOLIDWORKS 入門

3. **パターン軸**は下図の**円筒面**を選択します。

　　📐 **角度**に「**360**」、❄ **インスタンス数**に「**5**」と入力し、［**等間隔**］を**チェック ON** にします。

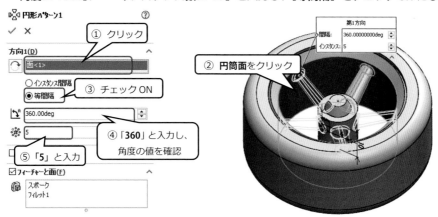

　　💡 コピー元のオリジナルを「**シード**」、コピーしたものを「**インスタンス**」といいます。

4. ✔ ［OK］ボタンをクリックして操作を終了します。

　　「Feature Manager デザインツリー」に［❄ **円形パターン 1**］が作成されます。

　　Feature Manager デザインツリーから［🔳 **ソリッドボディ**］が **2 つ**あることを確認できます。

　　［🔳 **ソリッドボディ**］のアイテムも、ゆっくり 2 回クリックすると名前を変更することができます。

　　名前を［🔳 **タイヤ**］と［🔳 **ホイール**］に変更します。

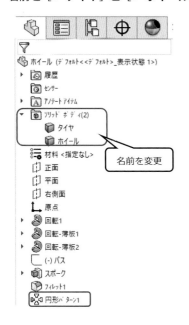

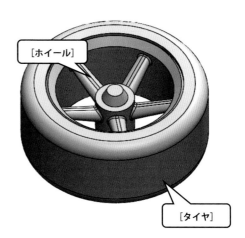

7.5　材料の定義

材料の定義は、作成した部品に相当する材料を割り充てることで、**質量特性**や SimulationXpress（応力解析ツール）にて必要な設計値を求めやすくするために使用されます。この材料は、ソリッド・サーフェスに関わらず複数のボディに対し、それぞれ任意の材料を割り充てることができます。

1. Feature Manager デザインツリーから［ 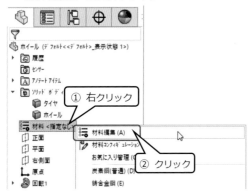 材料<指定なし>］を選択し、**右クリックメニュー**から［**材料編集**］を選択します。

2. 「**材料**」ダイアログが表示されます。

   ［ solidworks materials］－［ **アルミ合金**］－［ **1060 合金**］を選択します。

   単位から［**SI－N/mm^2(MPa)**］を選択して材料のプロパティを確認します。

   適用(A)　閉じる(C)　をクリックしてダイアログを閉じます。

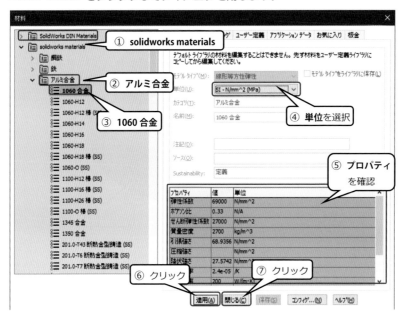

3. Feature Manager デザインツリーの表示が［▤ 1060 合金］になったことを確認します。

すべてのソリッドボディはアルミ合金［▤ 1060 合金］になりました。

4. **タイヤ**の**材料**については**ゴム**に変更していきます。

Feature Manager デザインツリーの［▣ **ソリッドボディ**］にある［▢ **タイヤ**］を右クリックし、

メニューから［**材料**］ – ［▤ **材料編集**］を選択します。

5. 「**材料**」ダイアログが表示されます。

［▤ **solidworks materials**］ – ［▤ **金属以外のその他の材料**］ – ［▤ **ゴム**］を選択します。

単位から［**SI-N/mm^2(MPa)**］を選択して材料のプロパティを確認します。

［適用(A)］［閉じる(C)］をクリックしてダイアログを閉じます。

ソリッドボディ［▢ **タイヤ**］の**外観が黒く**なります。

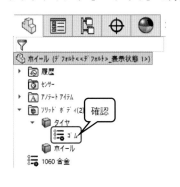

［タイヤ］

7.6　質量特性

ソリッドモデルが持つ利点の 1 つは、質量、重心、慣性モーメントなどの計算が簡単にできることです。
質量特性は**ソリッド全体**の「**質量**」、「**体積**」等を生成します。

1. Command Manager［**評価**］タブから [質量特性] を選択します。

2. 計算結果が「**質量特性**」ダイアログに表示されます。

　　オプション...(O) をクリックすると「**質量/断面特性のオプション**」ダイアログが表示されます。

　　ここでは［**小数位数**］の設定、**単位**を選択することができます。

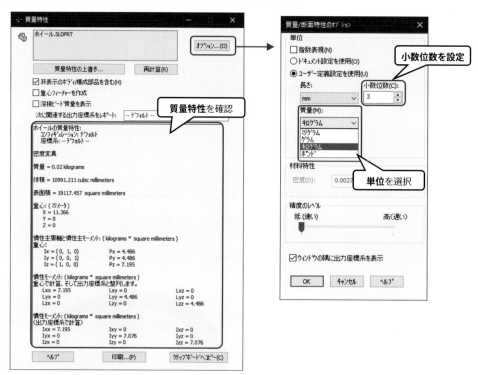

3. [✕] をクリックしてダイアログを閉じます。

4. [保存] をし、部品ファイルを閉じます。

第8章　ソリッドモデリング（3）

この章では、オフセット平面の作成、ロフトフィーチャー、シェルフィーチャーなどについて学びます。

- オフセット平面の作成
- ロフトフィーチャーの使用
- エンティティミラー
- シェルの使用
- 外観の編集
- 3D PDF でエクスポート

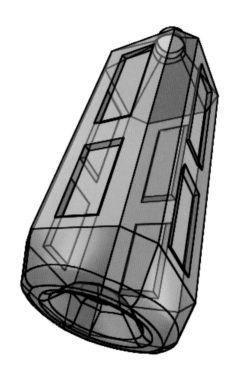

新規部品ドキュメントの作成

1. メニューバーの「**ファイル**］-［**新規**］を選択するか、**ツールバー**の □ ［**新規**］を選択します。

2. 「**新規 SOLIDWORKS ドキュメント**」ダイアログが表示されるので、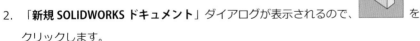 を選択して ［ OK ］ を
   クリックします。

3. メニューバーの［**ファイル**］-［**保存**］を選択するか、**ツールバー**の 🖫 ［**保存**］を選択します。

4. 「**指定保存**」ダイアログが表示されます。
   保存先フォルダーの選択、ファイル名に「**ペットボトル**」と入力をし、［ 保存(S) ］ をクリックします。

8.1　オフセット平面の作成

［**平面**］コマンドを使用すると、さまざまなジオメトリ（平面、面、エッジ、頂点など）を使って**参照平面**を作成することができます。この項では、最もよく使う代表的な機能である**オフセット平面**の作成方法を学びます。オフセット平面は、参照した平面またはソリッド上の平面からオフセットした位置に参照平面を作成できます。

1. Command Manager［**フィーチャー**］タブから［**参照ジオメトリ**］を展開して 🗔 ［**平面**］を選択します。もしくはショートカットバーから 🗔 ［**平面**］を選択します。

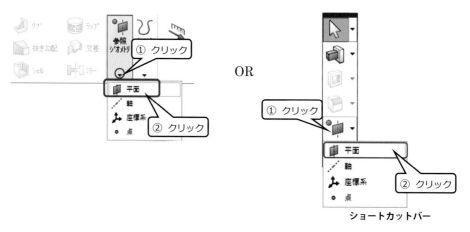

2. Property Manager にてパラメータを設定します。

「**第 1 参照**」に［🗔 **平面**］を選択し、**距離**に「**10**」と入力して Enter を押します。

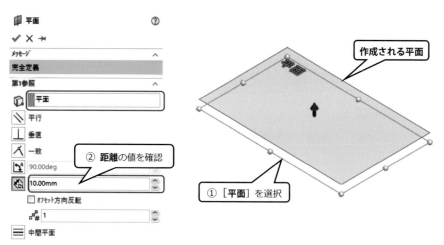

3. ✔ ［OK］ボタンをクリックして操作を終了します。

Feature Manager デザインツリー に［🗔 **平面 1**］が作成されるので、名前を［🗔 **Z=10**］に変更します。

4. 同様の方法で［▦ **平面**］の**上方向**に「**20mm**」、「**150mm**」、「**190mm**」、「**200mm**」でオフセットした
   位置に参照平面を作成します。

   名前をそれぞれ［▦ **Z=20**］、［▦ **Z=150**］、［▦ **Z=190**］、［▦ **Z=200**］に変更します。

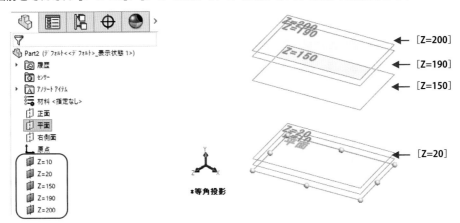

8.2 ロフトフィーチャーの使用

ロフトでは、2つ以上のスケッチをつなぐボス、カット、またはサーフェスフィーチャーを作成できます。

ロフト

1. ［▦ **平面**］に下図のスケッチを ⊙［**円**］を使用して作成します。

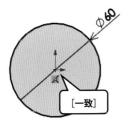

2. スケッチを終了し、名前を［⊏ **Z0**］へ変更します。

3. ［🗊 **Z=20**］に下図のスケッチを 🔲［**矩形中心**］と ⌐［**スケッチ面取り**］を使用して作成します。
   矩形の中心は**原点位置**を指定します。

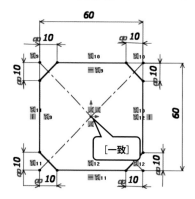

4. スケッチを終了し、名前を［⊏ **Z20**］へ変更します。

5. Command Manager ［**フィーチャー**］タブから 🔻［**ロフト**］を選択します。

6. ロフトのパラメータを指定します。
   グラフィックス領域で作成した 2 つのスケッチ ［⊏ **Z0**］と［⊏ **Z20**］を選択します。

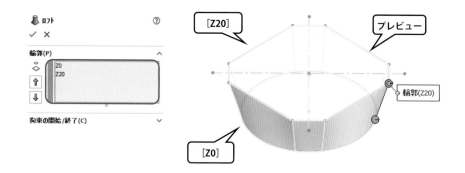

7. ✔ ［OK］ボタンをクリックします。
   Feature Manager デザインツリー に［🔻 **ロフト 1**］が作成されます。

正多角形（ポリゴン）

1. ［📘 Z=10］に下図のスケッチを ⬡［正多角形］を使用して作成します。

   下図のようにパラメータを設定し、正多角形の中心点と大きさをマウスで指示します。

   中心位置は原点位置に一致させます。

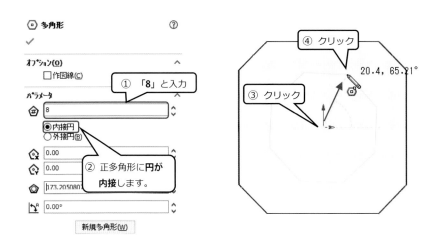

2. 任意の辺ひとつに ▬［水平］の拘束を追加し、内接円に直径寸法「20」を追加します。

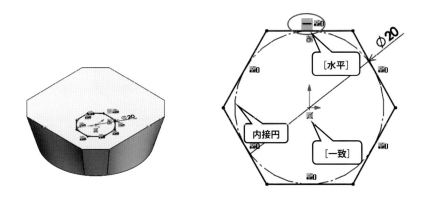

3. スケッチを終了し、名前を［⌐ Z10］へ変更します。

エンティティオフセット

 ［**エンティティオフセット**］は、モデルエッジ、またはモデルの面で選択された 1 つまたは複数のスケッチエンティティを**指定した距離でオフセット**します。

1. **ボディの底面**にスケッチを作成します。

   底面を選択して  ［**エンティティオフセット**］を選択します。

2. **オフセット線**が**プレビュー**されています。

   Property Manager のパラメータの ⬡ **オフセット距離**に「**10**」と**入力**します。

   パラメータの［**反対方向**］を**チェック ON** にすると**反対側**にオフセットします。

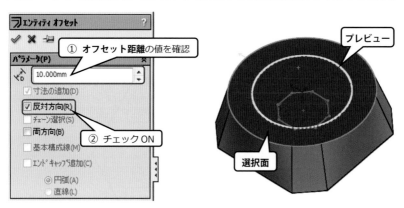

3. スケッチを終了し、名前を［⊏ **Z0 CUT**］へ変更します。

ロフトカット

1. Command Manager ［**フィーチャー**］タブから  ［**ロフトカット**］を選択します。

2. ロフトカットのパラメータを指定します。

   グラフィックス領域で作成した 2 つのスケッチ ［⊏ **Z0 CUT**］ と ［⊏ **Z10**］ を選択します。

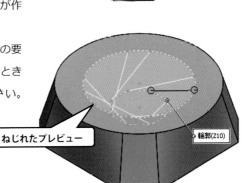

   適当な位置をクリックして選択すると、ソリッドボディにねじれが発生し、フィーチャーが作成できないことがあります。

   ［⊏ **Z0 CUT**］ と ［⊏ **Z10**］ はともに 8 つの要素で構成されていますので、クリックするときは対応する要素または点を選択してください。

3. ✔ ［OK］ ボタンをクリックします。

   Feature Manager デザインツリーに ［🗔 **カット － ロフト 1**］ が作成されます。

スケッチの共用

1. Feature Manager デザインツリーから［🛢 **ロフト 1**］を展開して［⊏ **Z20**］を選択し、

   🖼 ［**押し出しボス/ベース**］を選択します。

   「**押し出しの状態**」は［**端サーフェス指定**］、［面/平面］は［🛢 **Z=150**］を選択します。

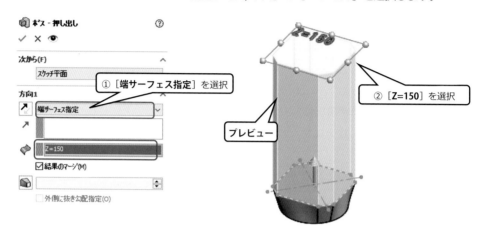

2. ✔ ［OK］ボタンをクリックします。

   Feature Manager デザインツリーに［🛢 **ボス － 押し出し 1**］が作成され、スケッチのアイコンが変更されます。

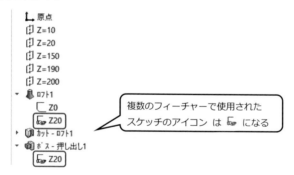

3. ［🛢 **Z=190**］に ⊙ ［**円**］を使用して下図のスケッチを作成します。

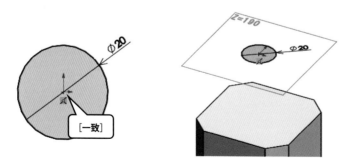

4. スケッチを終了し、名前を［⊏ **Z190**］へ変更します。

5. Command Manager［**フィーチャー**］タブから 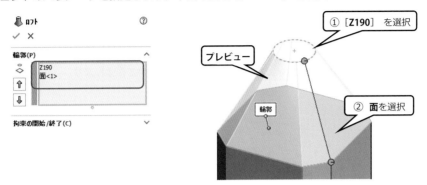［**ロフト**］を選択します。

6. ロフトのパラメータを指定します。下図の面と［⊏ **Z190**］を選択します。

① ［**Z190**］ を選択
プレビュー
② **面**を選択
輪郭

7. ✔［OK］ボタンをクリックします。
   Feature Manager デザインツリーに［🔩 **ロフト 2**］が作成されます。

8. Feature Manager デザインツリーから［🔩 **ロフト 2**］を展開して［⊏ **Z190**］を選択し、
   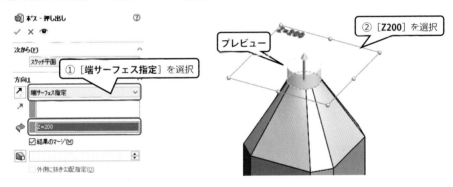［**押し出しボス/ベース**］を選択します。
   「**押し出しの状態**」は［**端サーフェス指定**］を選択し、［📦 **Z=200**］まで押し出します。

① ［**端サーフェス指定**］を選択
② ［**Z200**］を選択
プレビュー

9. ✔［OK］ボタンをクリックします。
   Feature Manager デザインツリーに［📦 **ボス – 押し出し 2**］が作成されます。

8.3　エンティティミラー

選択した**スケッチエンティティ**を**ミラー移動**または**ミラーコピー**します。

1. 下図の面にスケッチを作成します。

   [**中心線**] を使用して**原点位置**に**垂直**な**作図ジオメトリ（中心線）**を作成します。

   [**直線**] を使用して下図のような開いた**コの字形状**を**中心線の右側**に作成します。

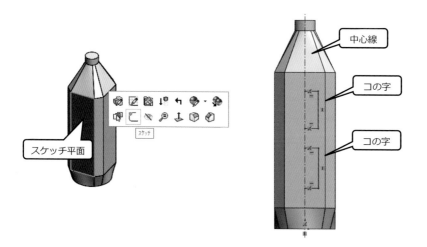

2. Command Manager [**スケッチ**] タブから [**エンティティのミラー**] を選択します。

   ミラーコピーする**スケッチエンティティ**を選択し、**ミラー基準**（対称軸）に**中心線**を選択します。

   このとき、**対称軸**の**反対側**に**プレビュー**が表示されます。

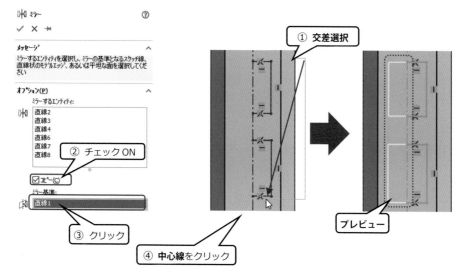

3. Property Manager の ✔ [OK] ボタンをクリックして操作を終了します。

   [**対称**] の拘束が追加され、**水平線は 1 つの線に統合**されます。

4. 下図のように寸法を追加して**完全定義**し、⬚ ［**押し出しカット**］にて距離に「**2**」、**抜き勾配**に「**45**」
と入力してカットします。

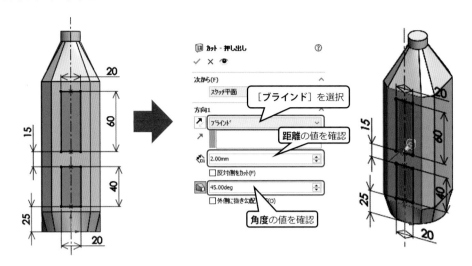

5. ⬚ ［**円形パターン**］を使用して、［⬚ **カット － 押し出し1**］を他の面にコピーします。
回転軸は［⬚ **ボス － 押し出し2**］の**円筒面**とし、**個数**に「**4**」と入力、［**等間隔**］にチェックを入れ ✔
［OK］ボタンをクリックしてください。

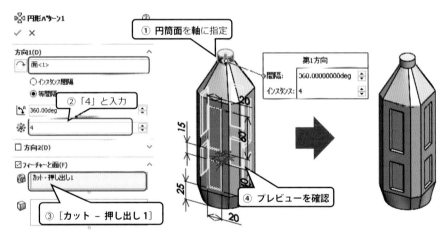

6. ⬚ ［**フィレット**］を使用して下図の**エッジ**と**面**に［**固定サイズ**］のフィレットを作成します。

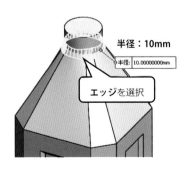

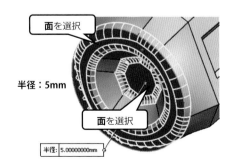

8.4　シェルの使用

シェルはソリッドの表面を基準に一定板厚の**中空形状**を作成する機能です。

作成の際に開口面を指定することもできます。

1. Command Manager［**フィーチャー**］タブから ［**シェル**］を選択します。

2. シェルのパラメータを設定します。

    ［**厚み**］に「**0.2**」と入力し、**削除する面（開口面）** を選択します。

3. Property Manager の ✔［OK］ボタンをクリックします。

    Feature Manager デザインツリーに［ シェル 1］が作成されます。

4. ［**断面表示**］機能で内側がくり抜かれたことを確認します。

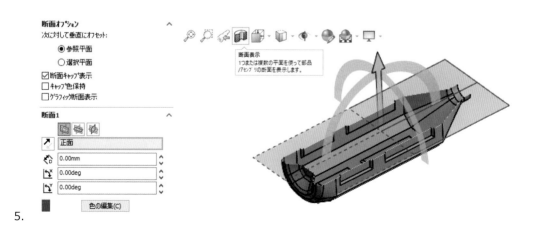

5.

8.5　外観を編集

外観の編集により、色やテクスチャを含むモデルの表示プロパティが指定できます。

部品全体、フィーチャー、面、ボディを対象に選ぶことができます。

1. ESC を押してすべてのアイテムを**選択解除**した状態にします。

    フィーチャーや面などが選択されている状態で 🔵 [**外観を編集**] を実行すると、選択されているフィーチャーや面にのみ適用されます。

2. **ヘッズアップビューツールバー**の 🔵 [**外観を編集**] をクリックします。

    クリック

    外観を編集
    モデルのエンティティの外観を編集します。

3. Property Manager にて**色のプロパティを設定**します。色を変更したいときは

    色の見本をリストから選択し、色のパレットの中から任意の**色を選択**します。

    Feature Manager デザインツリーから [🔵 **ソリッドボディ**] を展開し [🔵 **シェル 1**] を選択し、

    👁 [**トップレベルで透明度変更**] を選択します。

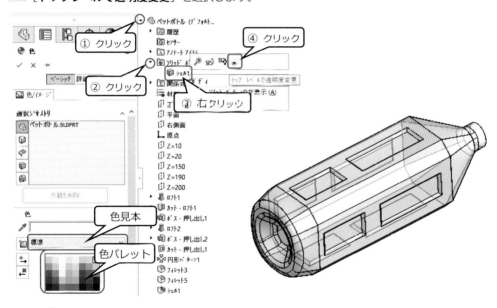

    ① クリック

    ④ クリック

    ② クリック

    ③ 右クリック

    色見本

    色パレット

    💡 [**詳細設定**] では、**反射**や**光度**などの詳細な設定を行うことができます。

    また、**タスクパネル**から**テクスチャ**を選択して設定することができます。

4. ✔ [OK] ボタンをクリックすると、外観の設定が適用されます。

5. 💾 [**保存**] をします。

8.6　3D PDF でエクスポート

3D PDF とは **PDF** に **3D データ**を埋め込んだもので、SOLIDWORKS は**エクスポートのみ**対応しています。
3D PDF 形式で保存し、**Adobe Acrobat Reader** で開いてみましょう。

1.　メニューバーから［**ファイル**］– ▣［**指定保存**］を選択します。

2.　「**指定保存**」ダイアログが表示されます。
　　ファイル種類のリストから［**Adobe Portable Document Format（*.pdf）**］を選択し、［**3D PDF 保存**］
　　の**チェック**を **ON** にします。保存先フォルダーの選択、ファイル名を入力し、［保存(S)］ をクリックして
　　出力を開始します。

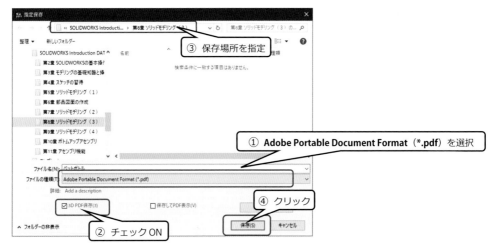

3.　PDF ファイルが作成されていることを確認し、最新の **Adobe Acrobat Reader** で開いてみましょう。

　　⚠️　3Dコンテンツは無効になっています。この文書を信頼できる場合は、この機能を有効にしてください。

　　が表示されたら、オプションより［常にこの文書を信頼する］を選択します。
　　3D ツールバーや右クリックメニューから、回転、拡大縮小、移動、投影法の切り替え、表示方法の切
　　り替えなどを行うことができます。

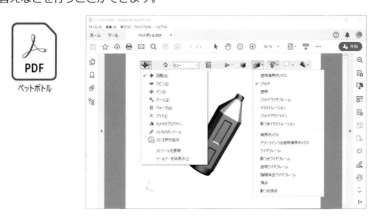

4.　すべてのファイルを閉じて終了します。

第9章　　ソリッドモデリング（4）

この章では、スイープフィーチャー、ミラーフィーチャー、直線パターンコピーなどについて学びます。

- スイープフィーチャーの使用
- ミラーフィーチャーの使用
- 直線パターンコピー
- 薄板フィーチャー（押し出しボス/ベース）
- フルラウンドフィレット

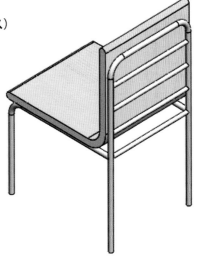

新規部品ドキュメントの作成

1. メニューバーの［**ファイル**］-［**新規**］を選択するか、**ツールバー**の 　[**新規**］を選択します。

2. 「**新規 SOLIDWORKS ドキュメント**」ダイアログが表示されるので、　　　 を選択して 　OK　 をクリックします。

3. メニューバーの［**ファイル**］　［**保存**］を選択するか、**ツールバー**の 　[**保存**］を選択します。

4. 「**指定保存**」ダイアログが表示されます。
保存先フォルダーの選択、ファイル名に「**椅子**」と入力し、　保存(S)　 をクリックします。

9.1　スイープフィーチャーの使用

スイープフィーチャーは、**パス**（軌道）に沿って**輪郭**（断面）を移動することにより、ベース、ボス、カット、またはサーフェスフィーチャーを作成します。

参照平面の作成（1）

1. Command Manager［**フィーチャー**］タブの［**参照ジオメトリ**］を拡張して 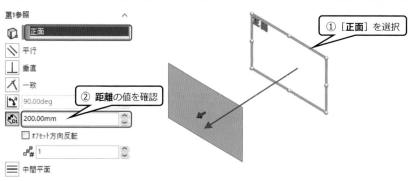［**平面**］を選択します。

2. Property Manager にてパラメータを設定します。

「**第1参照**」に［**正面**］を選択し、距離に「**200**」と入力して `Enter` を押します。

3. ［OK］ボタンをクリックして操作を終了します。
Feature Manager デザインツリーに［**平面1**］が作成されます。

パススケッチの作成

スイープ形状の**軌道**となる**パススケッチ**を作成します。

4. ［**平面1**］に下図のスケッチを［**直線**］と［**スケッチフィレット**］を使用して作成します。

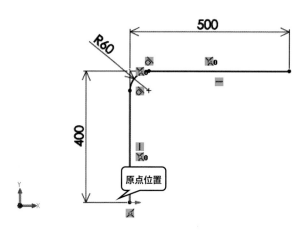

5. スケッチを終了し、名前を［**パス1**］に変更します。

輪郭スケッチの作成

スイープ形状の**断面**となる**輪郭スケッチ**を作成します。

6. ［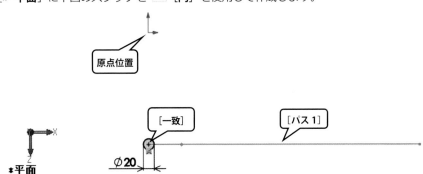 **平面**］に下図のスケッチを ⊙［**円**］を使用して作成します。

7. スケッチを終了して、名前を［⊏ **輪郭1**］に変更します。

スイープの作成

8. Command Manager［**フィーチャー**］タブから 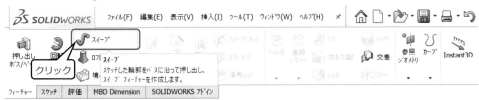［**スイープ**］を選択します。

9. Properly Manager でパラメータを設定します。

輪郭は［⊏ **輪郭1**］、**パス**は［⊏ **パス1**］をグラフィックス領域からクリックして選択します。

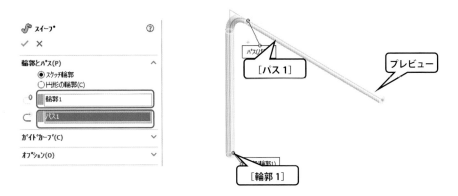

💡 輪郭が円の場合は、[**輪郭とパス**]で[**円形の輪郭**]を選択することにより、

　輪郭のスケッチを省略し [**直径**]と[**パス**]をでスイープを作成することもできます。

10. Property Manager の ✔［OK］ボタンをクリックして操作を終了します。

　Feature Manager デザインツリーに［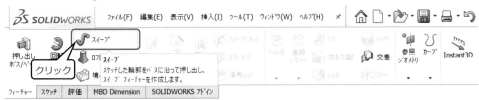 **スイープ1**］が作成されます。

11. **押し出したスイープの端面**に下図の開いた**スケッチ**を作成します。名前を［└ **パス2**］とします。

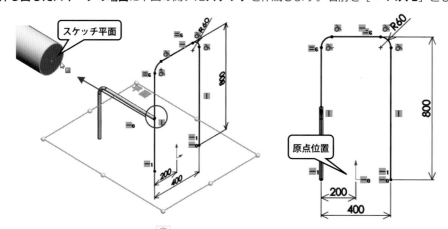

12. ［⟐ **平面**］に下図のスケッチを ⊙ ［**円**］を使用して作成します。名前を［└ **輪郭2**］とします。

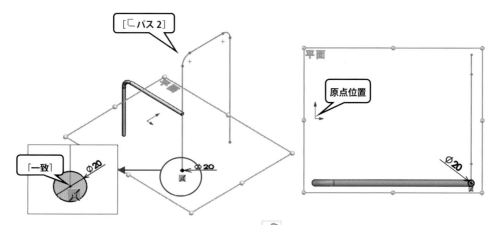

13. Command Manager ［**フィーチャー**］タブから 〰 ［**スイープ**］を選択します。

14. Property Manager でパラメータを設定します。

　　輪郭は［└ **輪郭2**］、パスは［└ **パス2**］をグラフィックス領域からクリックして選択します。

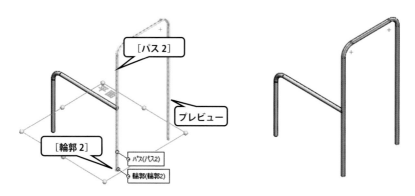

15. Property Manager の ✔ ［OK］ボタンをクリックして操作を終了します。

　　Feature Manager デザインツリーに［〰 **スイープ2**］が作成されます。

9.2　ミラーフィーチャーの使用

ミラーは平面あるいは平坦な**面の反対側**に**フィーチャーのコピーを作成**します。コピーしたフィーチャー（インスタンス）はオリジナルのフィーチャー（**シード**）に依存します。そのため、シードに加えた変更はインスタンス側にも反映されます。

1. Command Manager［**フィーチャー**］タブから  ［**ミラー**］を選択します。

2. Property Manager でパラメータを設定します。

    ミラー面は、グラフィックスまたはフライアウトから［**正面**］を選択します。

    「**ミラーコピー**する**フィーチャー**」は［**スイープ 1**］を選択します。

    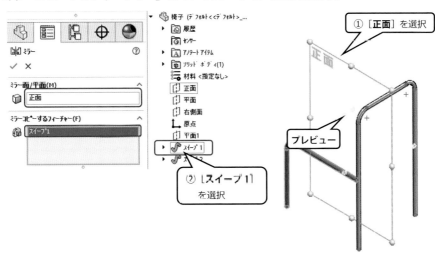

3. Property Manager の ✔［OK］ボタンをクリックして操作を終了します。

    Feature Manager デザインツリーに［**ミラー1**］が作成されます。

4. ［ ⬛ **正面**］に下図のスケッチを ⊙ ［**円**］を使用して作成します。

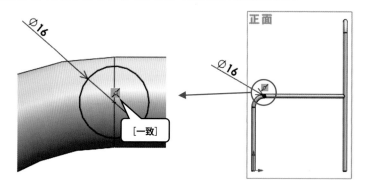

5. ⬛ ［**押し出しボス/ベース**］の**両方向**に［**次サーフェスまで**］を選択して押し出します。

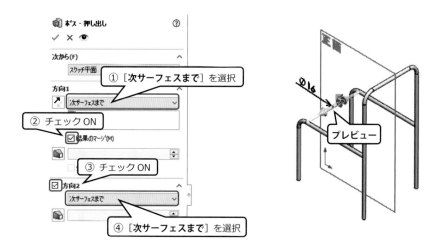

6. 同様の方法で下図の位置にも**直径**「**16**」の棒材を追加します。

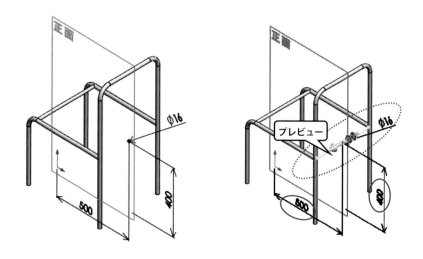

9.3　直線パターンコピー

直線パターンは、方向、距離、コピー数の指定により**直線状のパターン**として**フィーチャー**を**コピー**します。
オリジナルのフィーチャー（**シード**）に加えた変更は、コピーしたフィーチャー（**インスタンス**）にも反映
されます。

1. Feature Manager デザインツリーから［🌀 **スイープ 2**］を展開し、［⊏ **パス 2**］を選択してコンテキス
   トツールバーから 👁 ［**表示**］を選択します。

2. Command Manager［**フィーチャー**］タブから ⿴ ［**直線パターン**］を選択します。

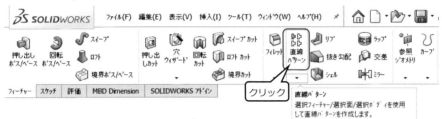

3. Property Manager にてパラメータを設定します。

   パターン化するフィーチャーとして［🔲 **ボス － 押し出し 2**］を選択します。

   方向 1 の［**パターン方向**］は、表示状態にした［⊏ **パス 2**］の **Y 軸方向**の**直線**をクリックします。

   🔄 ［**間隔**］は「**100**」、⿴ ［**インスタンスの個数**］は「**4**」と入力します。

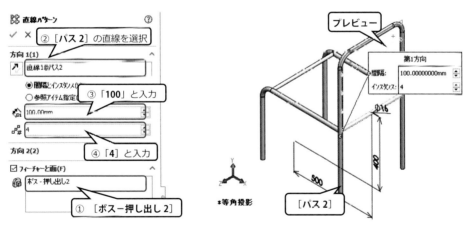

4. ✔ ［OK］ボタンをクリックして操作を終了します。
   Feature Manager デザインツリーに［⿴ **直線パターン 1**］
   が作成されます。

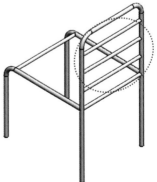

9.4　薄板フィーチャー（押し出しボス/ベース）

薄板フィーチャーは開いた輪郭に対して、板厚を指定することによって作成します。

スケッチの［内側］、［外側］、［両方に等しく］、［どちらかの側に等しくなく］のいずれかに板厚を設定できます。

1. ［正面］に ／ ［直線］を使用して**オープン形状（L字）**のスケッチを作成します。

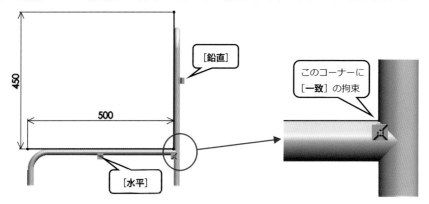

2. ［押し出しボス/ベース］を選択し、下図のようにパラメータを設定します。

   ［中間平面］で距離は「**430**」と入力し、［マージする］の**チェック**は材料が違うので **OFF** にします。

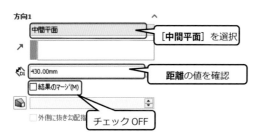

3. ［薄板］のチェックが入っていることを確認します。

   ↗ をクリックして厚みの方向が切り替わることを確認し、厚みを「**30**」と入力し、［**片側に押し出し**］に設定します。［**自動フィレットコーナー**］を**チェック ON** にし、フィレット半径に「**60**」と入力します。

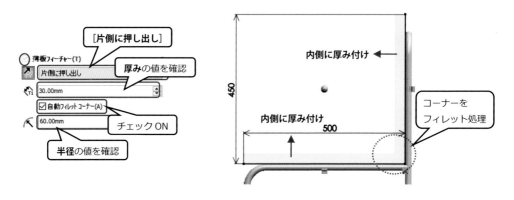

4. Property Manager の ✔ ［OK］ボタンをクリックします。

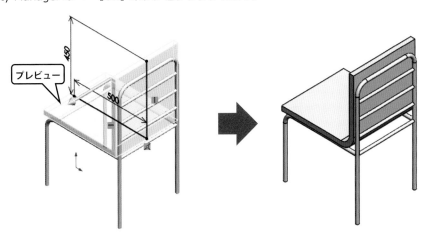

9.5　フルラウンドフィレット

フルラウンドフィレットは、**3 つの隣接する面**に**正接**する**フィレット**を作成します。

よって、半径値は必要ありません。半径は、選択された面の形状によって決定されます。

1. Command Manager ［**フィーチャー**］タブから 🔲 ［**フィレット**］を選択します。

2. フィレットタイプは ［**フルラウンドフィレット**］を選択します。

　 3 つの隣接する面を**隣り合う面から順番に選択**します。

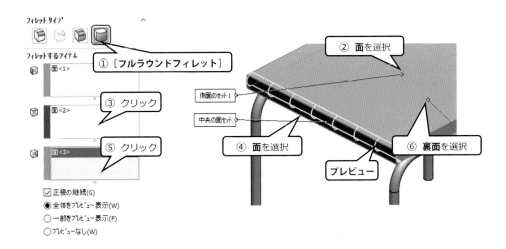

3. Property Manager の ✔ ［OK］ボタンをクリックして操作を終了します。

4. 下図の箇所にも同様の方法で**フルラウンドフィレット**を追加します。

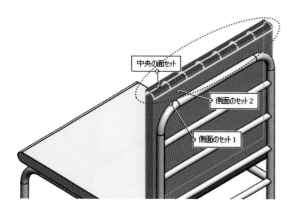

中央の面セット

側面のセット 2

側面のセット 1

5. ソリッドボディの名前を「**フレーム**」と「**座面**」に変更します。

材料は［🌀 **フレーム**］は［**アルミ合金**］－［⧉ **1060 合金**］、［🌀 **座面**］は［**木材**］の［⧉ **松**］に変更します。

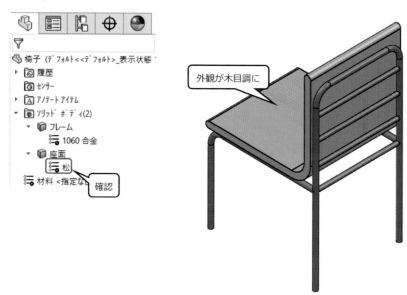

外観が木目調に

6. 🖫 ［**保存**］をしてファイルを閉じます。

第10章　ボトムアップアセンブリ

SOLIDWORKS では、ボトムアップとトップダウンの 2 つの方法でアセンブリを作成できます。

ボトムアップアセンブリは、既存の部品を追加、配置することによって作成します。

アセンブリに追加された部品を構成部品と呼びます。

構成部品の方向や位置を決定するには「**合致**」を使用します。

アセンブリは、部品や図面と同様にテンプレートから作成できるほか、既存のアセンブリや部品データを構成部品としたアセンブリも新規に作成できます。

この章では、**ボトムアップアセンブリ**の作成方法について学びます。

- 部品からアセンブリ作成
- 構成部品の追加
- 合致の追加
- 基本的な合致操作
- 表示設定

10.1 部品からアセンブリ作成

開いている部品ファイルからアセンブリファイルを作成します。

1. メニューバーの［**ファイル**］-［**開く**］を選択するか、**ツールバー**の ［**開く**］を選択します。

2. 「**開く**」ダイアログが表示されます。

   ダウンロードフォルダー「　**第 10 章 ボトムアップアセンブリ**」にある**部品ファイル**「　**シャーシ**」
   を開きます。この部品から新しいアセンブリファイルを作成します。

3. メニューバーから［**ファイル**］- 　［**部品からアセンブリ作成**］を選択します。

   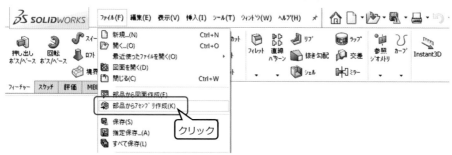

4. 構成部品「　**シャーシ**」をアセンブリに挿入します。

   原点、または 　［OK］ボタンをクリックすると構成部品を**原点上**に配置します。

   アセンブリの［　**原点**］と構成部品の［　**原点**］が**一致**した状態です。

   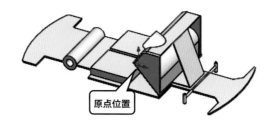

   原点位置

5. アセンブリファイル名を「**CAR**」として 　［**保存**］します。

6. メニューバーの［**ウィンドウ**］-［**左右に並べて表示**］を選択するとアセンブリファイルと部品ファイル「🐌 **シャーシ**」が並んで表示されます。部品ファイル「🐌 **シャーシ**」は使用しないので閉じます。

 最初の構成部品

デフォルトでは、アセンブリに最初に追加した構成部品は固定されます。

したがって最初に追加する構成部品は、後から移動する可能性がない基準となるものにします。

最初の部品を固定させることで、この後追加する構成部品の合致が容易になります。

 構成部品の状態

①は構成部品の状態

    (固定)・・・部品は固定されている

    (＋)・・・重複定義

    (－)・・・未定義

    (？)・・・未解決

②は構成部品の名前

③は構成部品のインスタンス番号

④は構成部品のコンフィギュレーション名

※インスタンスは削除されても番号はふり直されません！

 コンフィギュレーション

コンフィギュレーションとは、部品やアセンブリといった一つのドキュメント内にあるさまざまなバリエーションのことをいいます。コンフィギュレーションには異なる寸法値やフィーチャーの有無、材料違いなどを任意に設定することができます。

10.2 構成部品の追加

アセンブリに構成部品を追加し合致を作成します。

構成部品を追加するには下記の方法があります。

- 挿入用の **Property Manager を使用する**
- **Windows のエクスプローラからドラッグする**
- **開いたドキュメントからドラッグする**
- **タスクパネルからドラッグする**

ここでは、挿入用の Property Manager を使用する方法と Windows のエクスプローラからドラッグする方法を学びます。

挿入用の Property Manager を使用する

1. Command Manager［**アセンブリ**］タブから 🖱 ［**既存の部品/アセンブリ**］を選択します。

2. Property Manager から 参照...(B) をクリックして、追加する部品またはアセンブリを選択します。

   「**開く**」ダイアログから部品ファイル「🖾 **シート**」を選択し、 開く ▼ をクリックします。

シート.SLDPRT

3. 挿入する**構成部品**が**ポインタ付近**に**表示**されます。

   グラフィックス領域の**任意の位置**で**クリック**し、構成部品を**配置**します。

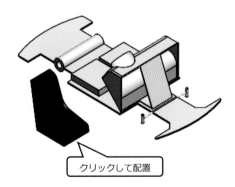

クリックして配置

エクスプローラー（Windows エクスプローラー）

1. **Windows** の**エクスプローラー** 📁 または コンピューター 💻 を開きます。

2. ダウンロードフォルダー「📁 **第 10 章　ボトムアップアセンブリ**」を開きます。
   SOLIDWORKS のグラフィックス領域が見えるようにします。

3. SOLIDWORKS は **Windows** に**準拠**していますので、「**ドラッグ＆ドロップ**」のような Windows の標準
   テクニックを使用できます。**エクスプローラー**の部品ファイル「🧩 **シート**」を**ドラッグ**、**グラフィッ
   クス領域**の任意の**配置位置**で**ドロップ**します。

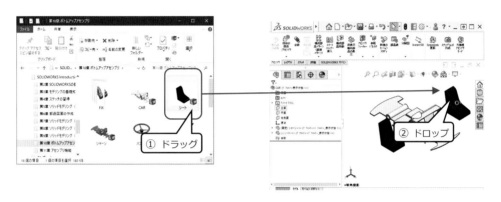

10.3 合致の追加

合致は、構成部品間の関係や部品とアセンブリの関係を定義します。

一致合致

［**一致**］の合致は、選択した **2 つ**の**面**や**エッジ**の**位置**を**一致**させます。

構成部品「 🌀 **シート**」を固定した構成部品「 🌀 **シャーシ**」へ取り付けます。

1. 構成部品「 🌀 **シート**」は固定部品ではなく、合致されていない**フリーな状態**です。

   このような構成部品は、ポインタを合わせて**ドラッグ**で**移動**、または**右ドラッグ**で**回転**させることができます。運転席側のシートを合致しやすい位置へ移動し、回転させます。

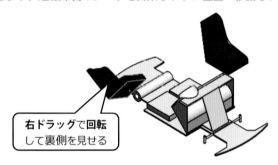

右ドラッグで回転
して裏側を見せる

2. Command Manager［**アセンブリ**］タブから 📎 ［**合致**］を選択します。

クリック

3. 下図で示す **2 つ**の**面**をクリックして選択します。

   表示されるツールバーで ⟋⟍ ［**一致**］が選択されていることを確認し、✔ ［OK］ボタンをクリックします。

① 面を選択
② 面を選択
③ 確認
④ クリック

4. フライアウトから Feature Manager デザインツリーを確認します。

アセンブリの合致関係は、［🔗 **合致**］フォルダーにまとめられます。

ポインタを合わせると合致の選択アイテムが**ハイライト**します。

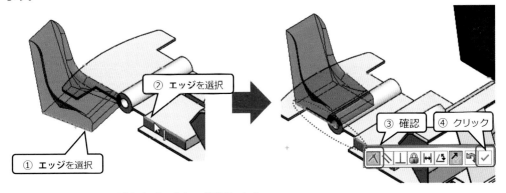

合致作成時に選択
したアイテムが
ハイライトします

ハイライト

ハイライト

［🔗 **合致**］を展開

［**一致**］にポインタ
を合わせる

5. 下図で示す **2 つのエッジ**をクリックして選択します。

表示されるツールバーで 📐 ［**一致**］が選択されていることを確認し、✔［OK］ボタンをクリックします。

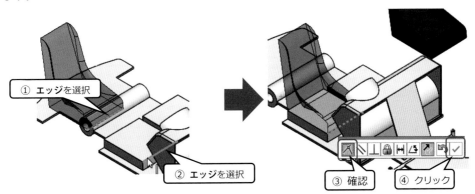

② エッジを選択

③ 確認　　④ クリック

① エッジを選択

6. 下図で示す **2 つのエッジ**を**クリック**して選択します。

表示されるツールバーで 📐 ［**一致**］が選択されていることを確認し、✔［OK］ボタンをクリックします。

① エッジを選択

② エッジを選択

③ 確認　　④ クリック

7. 助手席側のシートも同様の方法で合致を追加して取り付けます。

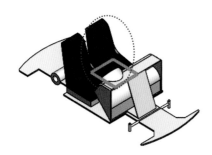

8. Property Manager の ✔ [OK] ボタンをクリックして合致を終了します。

 Point　**合致整列の反転**

合致をしたときに面が反転することがあります。

このような場合は ↗ [**合致整列を反転**] を選択すると面が反転します。

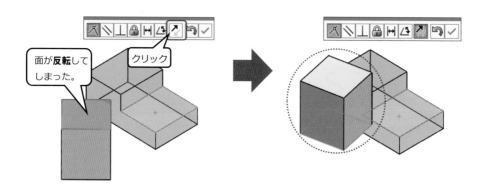

面が**反転**して
しまった。

クリック

同心円合致

同心円合致は構成部品の円筒面などの**軸と軸**を**一致**させます。

1. Command Manager [**アセンブリ**] タブから 　 [**既存の部品/アセンブリ**] を選択します。

2. Property Manager の 参照...(B) をクリックし、「**開く**」ダイアログからアセンブリファイル「 **後輪 ASSY**」を選択し、 開く ▼ をクリックします。

後輪ASSY

3. 任意の位置でクリックして構成部品「🌐 **後輪 ASSY**」を配置します。

クリックして配置

4. Command Manager［**アセンブリ**］タブから 📎［**合致**］を選択します。

5. 合致させたい面に **2 つの円筒面**をクリックします。
   表示されるツールバーで ◎ [**同心円**] が選択されていることを確認し、✔「OK」ボタンをクリックします。

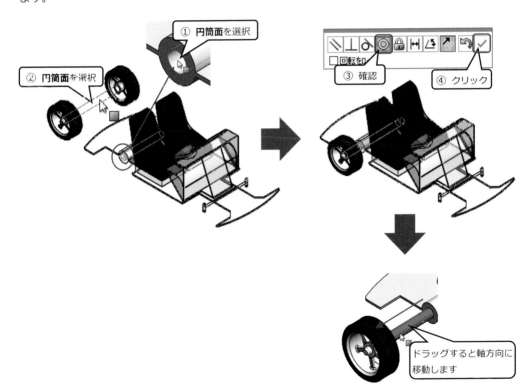

① 円筒面を選択

② **円筒面**を選択

③ 確認

④ クリック

ドラッグすると軸方向に移動します

軸は一致しましたが、軸方向と回転方向はフリーな状態です。

幅合致

幅合致は、合致の Property Manager にある「**詳細設定合致**」の１つです。

２つの構成部品を中心配置するような場合に使用します。

今回は「🦴 **シャーシ**」と「🦴 **後輪 ASSY**」のそれぞれの**幅中心**を**一致**させます。

1. 合致の Property Manager から「**詳細設定合致**」の 🔲[**幅**]をクリックします。

   一対の［**幅の選択**］と**一対の**［**タブ選択**］を選択します。

   幅の選択に「🦴 **後輪 ASSY**」の構成部品「🦴 **タイヤ**」の**内側の平らな面を 2 つ**選択します。

   タブの選択に「🦴 **シャーシ**」の**平らな面を 2 つ**選択します。

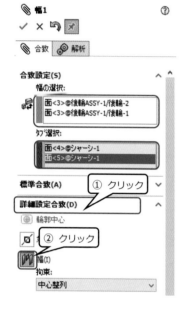
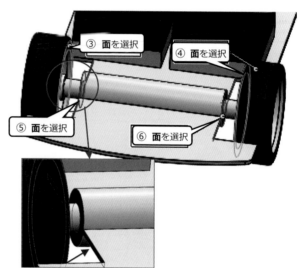

2. 合致の Property Manager の ✔[OK]ボタンをクリックします。

   平面からのビューで「🦴 **後輪 ASSY**」が「🦴 **シャーシ**」の**中心位置**に**移動**したことを確認します。

   タイヤ部分を**ドラッグ**して、**回転**することを**確認**してみましょう。

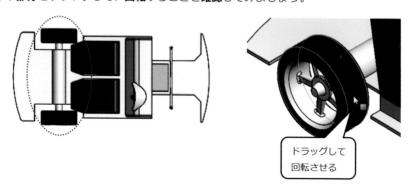

ドラッグして
回転させる

はじめての **3D CAD**
SOLIDWORKS 入門

インスタンスのコピー

アセンブリに挿入した構成部品をコピーして追加することができます。

1. アセンブリファイル「**前輪 ASSY**」を構成部品として配置します。

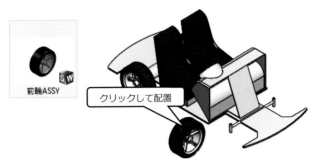

クリックして配置

2. [同心円] を使用して下図のように合致させます。必要に応じて [**合致整列を反転**] もクリックしてください。

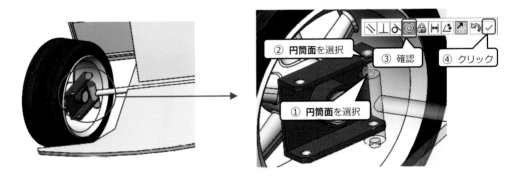

② 円筒面を選択
③ 確認
④ クリック
① 円筒面を選択

3. [**一致**] を使用して下図のように合致させます。

② 軸の**端面**を選択
① 面を選択
③ 確認
④ クリック

4. **左前輪**にも構成部品「🌐 **前輪 ASSY**」を取り付けます。

Feature Manager デザインツリーの［🌐 **前輪 ASSY**］を ⌨CTRL を押したままドラッグして、グラフィックス領域の任意の位置へドロップすると構成部品がコピーされます。

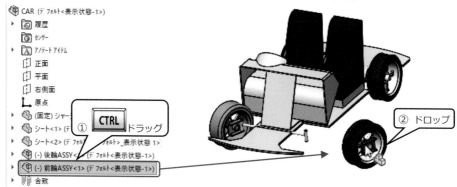

5. 同様の方法で 🔧［**一致**］と ◎［**同心円**］を使用して下図のように合致させます。

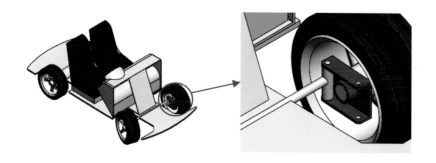

機械的な合致（ラックピニオンの追加）

機械的な合致タイプは、一般的な機械ジョイントを表現するために使用します。

カム、ギア、ヒンジ、ラックピニオン、スクリュー、ユニバーサルジョイントがあります。

1. 部品ファイル「🌐 **ラック**」を構成部品として挿入します。

クリックして配置

2. ◎ ［**同心円**］を使用して下図のように合致させます。

「🎨 **ラック**」のピンを［🎨 **前輪 ASSY**］の**赤いブラケット**の**穴**に一致させます。

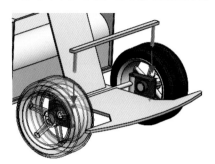

 Point　　**透明度変更と構成部品非表示**

構成部品を選択し、コンテキストツールバーから 👁 ［**透明度変更**］ を選択するとボディが透けます。🖊 ［**構成部品非表示**］ を選択すると画面から消えます。再表示は Feature Manager デザインツリーから非表示にした構成部品を選択し、ツールバーから 👁 ［**構成部品表示**］を選択します。

3. ⅄ ［**一致**］を使用して下図のように合致させます。

「🎨 **ラック**」の**裏側の面**を［🎨 **前輪 ASSY**］の**赤いブラケット**の**上面**に一致させます。

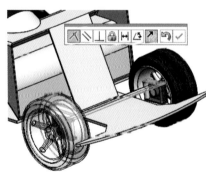

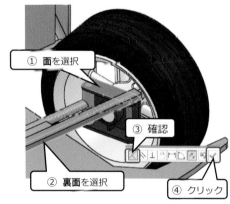

① 面を選択

③ 確認

② 裏面を選択

④ クリック

4. 部品ファイル「🎨 **ハンドルシャフト**」を構成部品として挿入します。

クリックして配置

第10章

5. 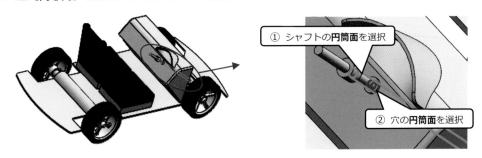 [**同心円**] を使用して下図のように合致させます。

① シャフトの**円筒面**を選択

② 穴の**円筒面**を選択

6. 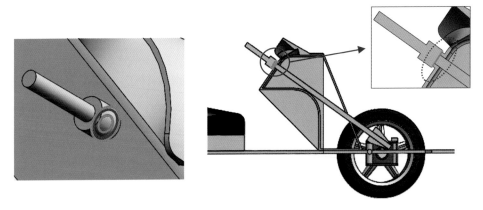 [**一致**] を使用して下図のように合致させます。

7. 合致の Property Manager から「**機械的な合致**」を選択し、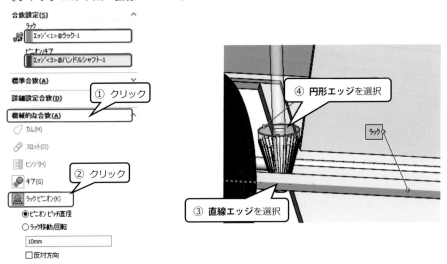 [**ラックピニオン**] を選択します。

[**ラック**] には下図の**直線エッジ**、[**ピニオン/ギア**] には下図の**円形エッジ**を選択します。

合致設定(S)

ラック
　エッジ<1>@ラック-1

ピニオン/ギア
　エッジ<3>@ハンドルシャフト-1

標準合致(A)

詳細設定合致(D)　　　① クリック

機械的な合致(A)

　カム(M)

　スロット(O)

　ヒンジ(H)

　ギア(G)

　ラックピニオン(K)　② クリック

　●ピニオンピッチ直径
　○ラック移動/回転
　　10mm
　　□反対方向

④ **円形エッジ**を選択

ラック

③ **直線エッジ**を選択

8. Property Manager の ✔ [OK] ボタンをクリックします。

「🖐 **ハンドルシャフト**」をドラッグして回すと、「🖐 **ラック**」が左右に動いて前輪タイヤが動きます。

平行合致

選択した **2 つの平面を平行**にします。

「🔩 **ハンドル**」と「🔩 **タイヤ**」の参照平面に平行の合致を追加することで正確な位置を保ちます。

1. 部品ファイル「🔩 **ハンドル**」を構成部品として挿入します。

2. 🔨 [**一致**] と ◎ [**同心円**] を使用して下図のように合致させます。

3. アセンブリの [🗗 **正面**] と「🔩 **ハンドル**」の [🗗 **正面**] をフライアウトから選択します。

   表示されるツールバーで 🔲 [**平行**] が選択されていることを確認します。

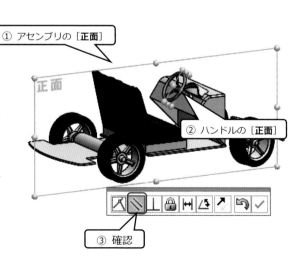

4. 「**オプション**」の［**位置付けのみに使用**］を**チェック ON** にし、✔［OK］ボタンをクリックします。

「🖐 **ハンドル**」の［📄 **正面**］は**アセンブリ**の［📄 **正面**］に対して**平行**になりますが、合致は作成されません。

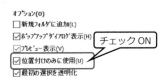

5. **前輪**の**タイヤ外側の平らな面**を**アセンブリ**の［📄 **正面**］に対し**平行**にします。

こちらも［**位置付けのみに使用**］の**チェックを ON** にしておきます。

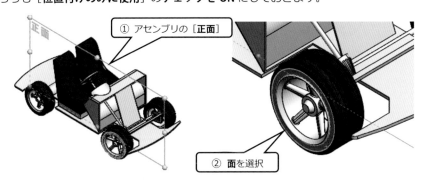

① アセンブリの［**正面**］

② 面を選択

ロック合致

ロック合致は 2 つの構成部品間の位置と方向を維持します。

「🖐 **ハンドル**」は**空回りする状態**なので、ロック合致を追加して「🖐 **ハンドル**」をきるとタイヤが動く状態にします。

1. 合致の Property Manager から「**標準合致**」を選択し、🔒［**ロック**］を選択します。

2. 「🖐 **ハンドル**」と「🖐 **ハンドルシャフト**」を選択します。

コンテキストツールバーで 🔒［**ロック**］が選択されていることを確認し、✔［OK］ボタンをクリックします。

確認

「ハンドル」

「ハンドルシャフト」

3. 「🖐 **ハンドル**」をドラッグして回すと、「🖐 **ラック**」が左右に動いて前輪タイヤが動きます。

コンテキストツールバーからの標準合致の適用

コンテキストツールバーからアセンブリに**標準合致**を適用できます。

1. 部品ファイル「　**ボディ A**」または「　**ボディ B**」を構成部品として挿入します。

　　ボディを右ドラッグで回転して姿勢を整えます。

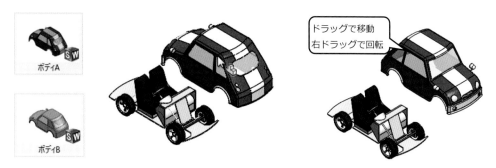

2. 下図の **2 つの平らな面**を CTRL を押しながらクリックし、CTRL を離したときにコンテキストツールバーが表示されます。そこから [**一致**] を選択します。

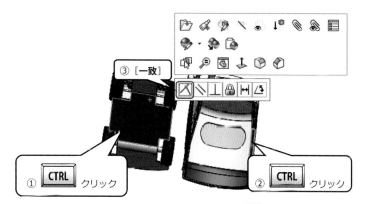

3. **アセンブリ**の [　**正面**] と「　**ボディ A**」の [　**正面**] を　[**表示**] させます。

　　CTRL を押しながらこの **2 つの平面**を選択し、コンテキストツールバーから [**一致**]を選択します。

　　合致を追加したら**平面**は**非表示**にします。

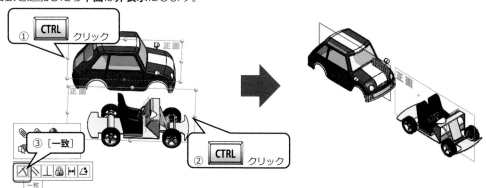

4. CTRL を押しながら下図の **2 つの円弧エッジ**を選択し、コンテキストツールバーから ◎ [**同心円**]
を選択します。

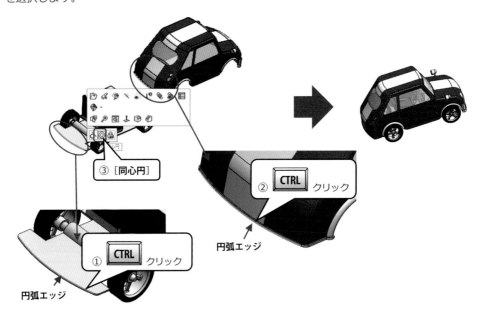

③ [同心円]

② CTRL クリック

円弧エッジ

① CTRL クリック

円弧エッジ

5. 🖫 [**保存**] をします。

10.4 基本的な合致操作

合致の編集

合致もフィーチャーに相当します。

コンテキストツールバーの [フィーチャー編集] から編集することができます。

1. Feature Manager デザインツリーで［**合致**］フォルダーを展開します。

   合致を**右クリック**し、 [**フィーチャー編集**] を選択します。

2. Property Manager でパラメータを編集します。

   選択しているエンティティを**リセット**する場合、**合致設定**の**選択アイテム**を**右クリック**して［**選択解除**］
   を選択します。個別で削除するには［**削除**］を選択します。

3. Property Manager の [OK] ボタンをクリックして編集を終了します。

合致の削除

合致は削除できます。合致を削除すると、アセンブリのすべてのコンフィギュレーションで削除されます。

1. Feature Manager デザインツリー内で削除する［**合致**］をクリックして選択します。

2. 次のいずれかを行います。

   - DEL を押します。
   - メニューバー［**編集**］－［**削除**］を選択します。
   - 合致を右クリックし、メニューから［**削除**］を選択します。

3. 「**削除確認**」ダイアログが表示されるので、 はい(Y) をクリックします。

10.5 表示設定

ヘッズアップビューツールバーからコントロールできる**表示設定機能**を学びます。

シーン適用

シーンは光の反射や照明などの条件の違う環境を作ります。

1. **ヘッズアップビューツールバー**の 🖼 ［**シーン適用**］をクリックします。

2. **リスト**から**適用**する**シーン**を選択します。

   💡 ［**お気に入り管理**］からシーンをリストに追加することができます。

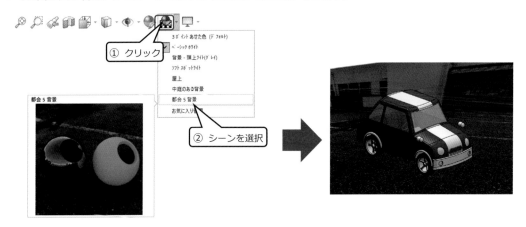

影付きシェイディング

モデルの下に影を表示します。　影が表示される際の光源は、現在の表示方向においてのモデルの最上部になります。モデルを回転するとき、影はモデルと一緒に回転します。

1. **ヘッズアップビューツールバー**の 🖥 ［**表示設定**］をクリックします。

2. 🔲 ［**影付シェイディング**］を選択します。

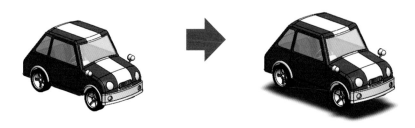

パース表示

パース表示では、視点の**遠近感**を**調整**することで、ジオメトリの歪みがより明らかになります。

1. **ヘッズアップビューツールバー**の ▦ [**表示設定**] をクリックします。

2. ◥ [**パース表示**] を選択します。

3. [**表示**] – [**表示コントロール**] – [**パースプロパティ**] を選択します。

4. Property Manager で ◪ [**オブジェクトのサイズ**] の**値**を入力します。

[値：3]　　　　　　　　　　[値：0.3]

5. Property Manager の ✔ [OK] ボタンをクリックして操作を終了します。

Real View グラフィックス

高品質な**材料**の**シェイディング表示**をリアルタイムで提供します。

モデルの表示をさらに**写実的**にすることができます。

1. ヘッズアップビューツールバーの 🖥 [**表示設定**] をクリックします。

2. 🔮 [**Real View　グラフィックス**] を選択します。

⚠ この機能は、サポートされているグラフィックスカード
をご使用の場合のみ有効です。

3. 🔮 [**Real View　グラフィックス**] を解除する場合はもう 1 度選択します。

 Point　　**Photo View 360　（レンダリングツール）**

SOLIDWORKS モデルの写実的なレンダリングを作成することができるツールです。

使用する際はアドインする必要があります。

SOLIDWORKS Professional または **SOLIDWORKS Premium** で使用可能です。

第11章　アセンブリ機能

この章では、アセンブリモデルの干渉チェック、分解図、分解アニメーションなどについて学びます。

- 干渉認識（静的干渉チェック）
- 衝突検知（動的干渉チェック）
- 分解図
- 分解ライン
- 分解アニメーション

1. メニューバーの［**ファイル**］-［**開く**］を選択するか、**ツールバー**の 📂［**開く**］を選択します。

2. 「**開く**」ダイアログが表示されます。

   ダウンロードフォルダー「📁 **第 11 章 アセンブリ機能**」にあるアセンブリファイル「🧊 **Car**」を開きます。

11.1 干渉認識（静的干渉チェック）

アセンブリの構成部品間の干渉チェックには、静的干渉チェックと動的干渉チェックの 2 タイプがあります。
干渉認識は、与えられた構成部品のリストを調べ、それらの間に干渉がないかをチェックします。

1. Command Manager［**評価**］タブから ［**干渉認識**］を選択します。

2. 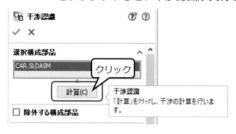 をクリックすると、干渉認識が実行されます。

3. 「**結果**」に干渉した箇所がリスト表示されます。

   結果リストから［**干渉 1 − 5.1mm^3**］を**展開**すると、**ラックとハンドルシャフトが干渉している**ことがわかります。構成部品［**ボディ A**］を ［**構成部品非表示**］にして確認してみましょう。

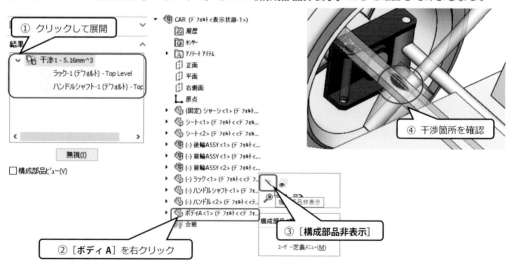

4. ［OK］ボタンをクリックして操作を終了します。

11.2 衝突検知（動的干渉チェック）

アセンブリを連続的に動かしながら解析を行い、選択された構成部品の面の間に衝突が発生すると、それら
を知らせます。

1. Command Manager [**アセンブリ**] タブから  [**構成部品移動**] を選択します。

2. Property Manager でパラメータを設定します。

　移動は [**フリードラッグ**]、オプションは [**衝突検知**] を選択します。

　今回は前輪タイヤの可動範囲を確認したいので**干渉チェック**する**部品を限定**します。

　次をチェックは [**次の構成部品**] を選択して [🧷 **前輪 ASSY**] と [🧷 **シャーシ**] をグラフィックス領
　域からクリックして選択します。

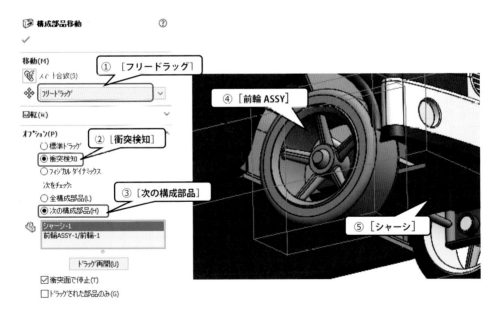

3. 「**衝突面で停止**」を**チェック ON** にしておくと、衝突した時点で動きが止まります。

　　　 ドラッグ再開(U) 　をクリックし、タイヤをドラッグして動かすとシャーシに衝突した位置で動きが止まりま
す。このとき、**衝突面が青くハイライト**します。

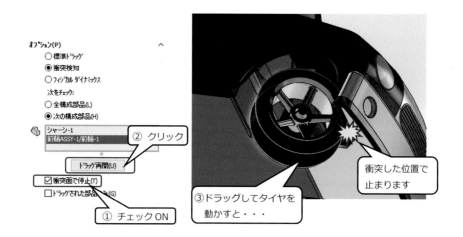

4. ◆ ［OK］ボタンをクリックして操作を終了します。

11.3 分解図

分解図は、アセンブリの中で**構成部品**を**分解**することができます。

また、アセンブリの通常表示と分解表示を切り替えることができます。

分解図作成前に、コンフィギュレーションを作成しておくと便利です。

1. 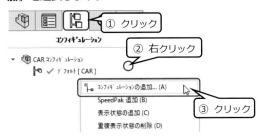 **Configuration Manager** の**余白部分**で**右クリック**し、メニューから [**コンフィギュレーションの追加**] を選択します。

2. **コンフィギュレーション名**に [**分解状態**] と入力し、✔ [OK] ボタンをクリックします。

   新しく作成した**コンフィギュレーション**が**アクティブ**になります。

3. Command Manager [**アセンブリ**] タブから  [**分解図**] を選択します。

4. 分解する構成部品として [**ボディ A**] を選択します。[**移動マニピュレータ**] が表示されます。

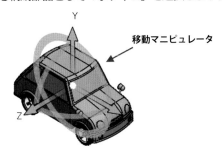

移動マニピュレータ

5. 「**移動マニピュレータ**」の**上向きの矢印**（**緑色**）を**ドラッグ**し、**上方向**に**移動**して**ドロップ**すると分解されます。

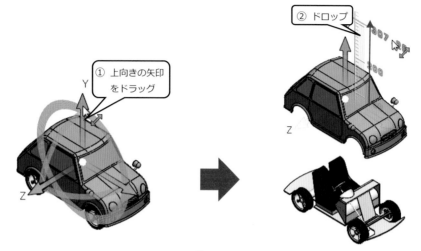

① 上向きの矢印をドラッグ

② ドロップ

Property Manager の「**分解ステップ**」に［⤵ **分解ステップ 1**］が作成されます。

③［**分解ステップ 1**］を確認

Property Manager の ［完了(D)］ をクリックします。

6. 同様の手順で構成部品を分解していきます。

分解した部品をさらに移動、複数の部品をまとめて分解することもできます。

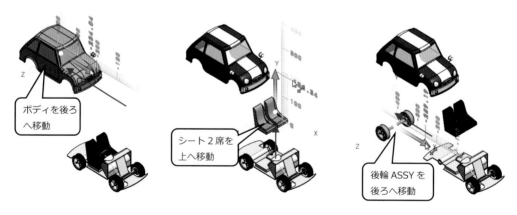

ボディを後ろへ移動

シート 2 席を上へ移動

後輪 ASSY を後ろへ移動

7.　下図を参考に構成部品を分解し、 ✔ ［OK］ボタンをクリックして操作を終了します。

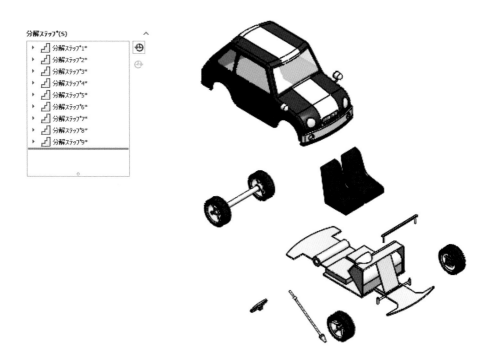

11.4 分解ライン

分解ラインは、**分解図**と**パスのライン**を作成します。

分解ラインスケッチと呼ばれる **3D スケッチ**を使用して、線を作成し表示します。

1. Command Manager［**アセンブリ**］タブから ［**分解ラインスケッチ**］を選択します。

「🕭 シート」の底面と「🕭 シャーシ」のシート取り付け面をクリックして選択します。

✔ ［OK］ボタンをクリックすると**分解ライン**が作成されます。

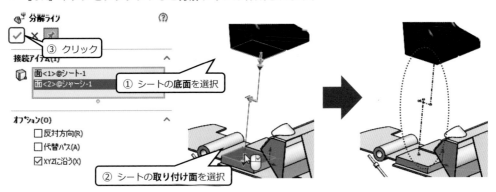

✔ ［OK］ボタンをクリックすると**分解ラインスケッチ**が終了します。

2. ボスとシャフトに分解ラインを作成する場合は、**ボス**と**シャフト**の**円筒面**を選択します。

　矢印は**分解ライン**の**向き**を示し、これはオプションの［**反対方向**］に**チェック ON** すると**反転**します。

はじめての 3D CAD
SOLIDWORKS 入門

3. 他の部分にも同様の方法で分解ラインを作成します。

分解ラインを作成すると、Configuration Manager に ［ **3D 分解 1**］ が追加されます。

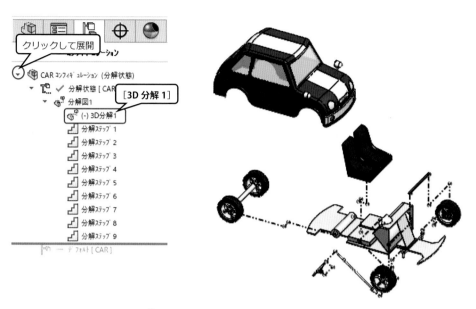

4. Configuration Manager の ［ **分解図 1**］ を**ダブルクリック**することで、**分解**、**分解解除**を切り替えることができます。

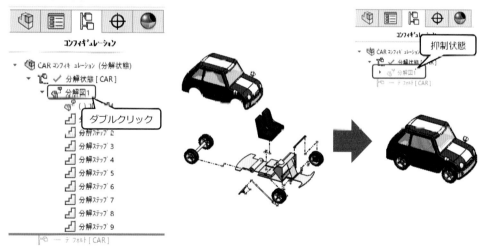

11.5 分解のアニメーション

分解図の**収縮アニメーション**を実行します。

1. [⚙ **分解図1**] を**右クリック**し、メニューから [**分解のアニメーション**] を選択します。

   「**アニメーションコントローラ**」が表示され、自動的にアニメーションが実行されます。

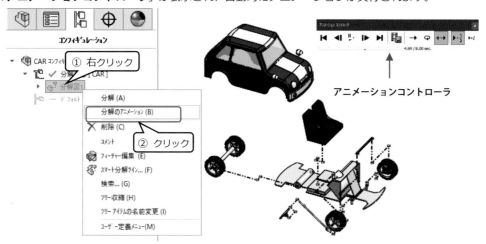

2. 「**アニメーションコントローラ**」にてアニメーションの操作を行います。

アイコン		説　　明
▶	**再生**	アニメーションを再生します。
‖	**一時停止**	アニメーションを一時停止します。
◂	**開始**	アニメーションを最初のフレームへ戻します。
◂‖	**巻き戻し**	一時停止をクリックした後、アニメーションを前のフレームに戻します。
‖▸	**早送り**	一時停止をクリックした後、アニメーションを次のフレームまで進めます。
▸‖	**終了**	アニメーションを最後のフレームまで進めます。
→	**標準**	標準的な速度でアニメーションを1回再生します。
↻	**Loop**	繰り返し再生します。
↔	**往復運動**	アニメーションの再生、逆再生を繰り返します。
▸×½	**低速再生**	アニメーションを通常の半分の速度で再生します。
▸×2	**高速再生**	アニメーションを通常の2倍の速度で再生します。

3. 「**アニメーションコントローラ**」の ⊠ をクリックして分解のアニメーションを終了します。

4. 🖫 [**保存**] をしてファイルを閉じます。

はじめての 3D CAD
SOLIDWORKS
入門

索　引

索
引

索引

はじめての **3D CAD**
SOLIDWORKS 入門

Ⓒ株式会社KreeD 2020

改訂新版 はじめての3D CAD　SOLIDWORKS入門

2015年12月10日	第1版第1刷発行
2020年 6月26日	改訂第1版第1刷発行
2022年 3月16日	改訂第1版第2刷発行

著　者　　株 式 会 社 KreeD
　　　　　（かぶしきがいしゃ ケイリード）

発行者　　田　　中　　聡

発 行 所
株式会社 電 気 書 院
ホームページ　www.denkishoin.co.jp
（振替口座　00190-5-18837）
〒101-0051　東京都千代田区神田神保町1-3 ミヤタビル2F
電話（03）5259-9160／FAX（03）5259-9162

印刷　株式会社シナノパブリッシングプレス
Printed in Japan／ISBN978 4 485 30112 8